CHEVAUCHÉE

EN PALESTINE

PAR

LÉONIE DE BAZELAIRE

TOURS

ALFRED MAME ET FILS, ÉDITEURS

—

M DCCC XCIX

CHEVAUCHÉE

EN PALESTINE

2e SÉRIE IN-8°

Le Saint-Sépulcre.

LETTRE DU R. P. DIDON

MADEMOISELLE,

Votre volume est charmant, d'un style vif, alerte, primesautier, et si français! Non, il n'y a rien de ce que vous appelez « les fadeurs féminines »; on ne devine la femme qu'à la vivacité des impressions, à l'art du détail, à la finesse délicate de sentir et de dire.

Vous devez avoir parmi vos aïeux quelque croisé, et son sang coule dans vos veines.

Vos croquis sont parfaits, très piquants et très originaux. . . .
. . . .

Veuillez agréer, etc.

P. DIDON.

LETTRE DE Mme AUGUSTUS CRAVEN

Paris, 1890.

Votre *Chevauchée* est charmante et m'a fait revoir les lieux admirables et sacrés où elle transporte la pensée avec une vivacité extrême. Je dis *revoir*, quoique je ne les aie jamais vus de mes yeux; mais beaucoup d'amis intimes et chers m'ont fait tant de fois parcourir ces chemins bénis et admirer ces sites mémorables, qu'en vous y suivant encore une fois j'ai presque goûté la joie de me retrouver en pays de connaissance, ou du moins d'en voir l'image reproduite de main de maître et rendue vivante.

P. DE LA FERRONNAYS-CRAVEN.

LETTRE DE Mgr SONNOIS

ANCIEN ÉVÊQUE DE SAINT-DIÉ

ARCHEVÊQUE DE CAMBRAI

Je ne puis qu'approuver, encourager et bénir l'entreprise dont vous avez bien voulu me soumettre le projet.

Je crois même que vous pourrez utiliser votre si gracieux ouvrage comme livre de distribution de prix, il a tout ce qu'il faut pour réussir auprès des jeunes imaginations, dans les bons établissements chrétiens : il saura plaire, instruire et édifier; très sérieux au fond, plein d'une foi pieuse et communicative, il n'en conserve pas moins dans son style tout le coloris, toute la lumière, tout le brillant que peut lui donner, par le crayon et par la plume, une âme d'artiste intelligente et chrétienne.

Je serais vraiment surpris que sur ce terrain des bonnes écoles, votre *Chevauchée* ne fît un chemin facile, rapide et utile.

† Marie-Alphonse, *Év. de Saint-Dié.*

J'y vous supply, très cher lecteur mien
Bâillez assez, mais ne veuillez dormir.

MAROT.

Il est des souvenirs délicieux, dont le parfum embaume toute la vie; certes, un pèlerinage à Jérusalem est bien de ceux-là. Mais si l'on croit tout d'abord garder une mémoire éternelle des petits détails, des moindres impressions, on se trompe. La vie entraîne avec soi un tel cortège d'occupations et de soins, que notre pauvre nature a bientôt fait d'oublier.

Et puis, plus tard, au soir de la vie, quand on arrivera au seuil de la Jérusalem céleste, il fera bon relire les souvenirs de celle d'ici-bas!

Il est donc utile de confier au papier, ce gardien fidèle des pensées, les émotions vives et profondes, quelques silhouettes tracées à la hâte, et ces mille riens qui font souvent le charme et l'imprévu du voyage.

Mes compagnons de route le savent bien: les moindres détails deviennent précieux plus tard; ils me pardonneront de retracer mes impressions personnelles en se rappelant les leurs. Nous avons vécu ensemble tant d'émotions et de jouissances diverses : joyeuses, pittoresques, religieuses, qu'il me semble, en les écrivant, n'être en quelque sorte que l'écho de chacun.

J'ai pensé aussi que d'autres lecteurs prendraient quelque plaisir à ces souvenirs vivants, qu'on rapporte avec soi d'un si lointain pays.

Jadis, quand un pèlerin revenait de terre sainte, on s'assemblait autour de lui, le soir à la veillée, on écoutait ses récits naïfs, on le suivait par l'esprit en ses pérégrinations, souriant ici, pleurant là, et la veillée se prolongeait indéfiniment.

Je ne saurais souhaiter meilleur sort à ma relation, la voir égayer quelque veillée d'hiver, penser qu'un lecteur attentif oublie l'heure et se prenne à rêver parfois à cette lointaine chevauchée ! Voilà mon vœu : Qu'il bâille un peu, mais ne veuille point dormir !

CHEVAUCHÉE
EN PALESTINE

I

DÉPART. — MARSEILLE. — TRAVERSÉE EN MER. — CIVITA-VECCHIA

> Les lieux saints sont à la terre ce que les astres sont pour le firmament : une source de lumière, de chaleur et de vie.
>
> (LACORDAIRE.)

Nous sommes trois pèlerins : ma sœur Isabelle et mon frère Maurice, curé d'un charmant village au milieu des sapins, ravis tous trois d'accomplir enfin ce beau rêve de la vie : un pèlerinage à Jérusalem ! Mes notes n'ayant été écrites que depuis l'embarquement, je ne dirai qu'un mot de notre petit voyage par la Suisse, depuis les Vosges jusqu'à Marseille.

Le 9 avril 1888, à deux heures du matin, nous quittons Saint-Dié, le cœur rempli de la tristesse des adieux, les yeux pleins de larmes. Silencieux, nous nous laissons emporter au trot de nos chevaux sur la route encore déserte. Mais l'aube qui paraît doucement nous découvre, à mesure que nous avançons, des montagnes toutes blanches et la rapide côte de Sainte-Marie, couverte de neige. Quel contretemps et quel retard ! que de glissades et d'impatiences jusqu'à Sainte-Marie, car la terreur de manquer le train s'empare de nous ! Mais non, le grand panache de fumée s'élève droit vers le ciel et semble encore immobile à la gare. Que les instants qui nous en séparent nous paraissent longs! Nous sautons dans le train au moment où il s'ébranle.

A toute vapeur nous traversons les derniers contreforts vosgiens; les silhouettes de nos noirs sapins se dessinent au loin; voici la plaine immense et attristée, hélas! de la fertile Alsace. Nous filons sur Berne, suivant les merveilleuses montagnes de la Suisse, qui nous laissent entrevoir, à travers les brouillards amoncelés, quelques fugitives échappées de leur splendeur. Après Genève, nous entrons en pleine vallée du Rhône : rochers immenses, excavations profondes dans lesquelles mugit le sombre fleuve! Malheureusement la neige tombe à gros flocons, la brume envahit tout et nous cache ce pittoresque paysage.

Enfin nous arivons à Lyon, tout heureux de revoir ma tante de B*** et sa fille Marguerite, qui nous font le plus charmant accueil. Ensemble nous allons visiter Jeanne, qui, sous la cornette des sœurs de Saint-Vincent, a bien l'air d'une de ces hirondelles de France dont parle Chateaubriand. Comme il convient à de pieux pèlerins, nous montons immédiatement à Fourvières, pour demander à la bonne Madone une bénédiction spéciale sur ce pèlerinage lointain, dont la pensée fait battre nos cœurs de joie.

Puis nous prenons la route d'Avignon à Marseille; voici les oliviers et les figuiers, qui nous parlent déjà de l'Orient, et nous paraîtront si rabougris au retour. Le Rhône serpente dans la vallée, s'enroule autour des montagnes rocheuses, puis reparaît bleu et étincelant dans la plaine. Il déploie sa puissance en d'immenses nappes d'azur qui font croire que c'est déjà la Méditerranée. Enfin Marseille apparaît avec son beau ciel, ses montagnes violacées et la mer au loin, où nous pourrions peut-être apercevoir notre navire *le Poitou.*

A bord du *Poitou*, jeudi matin 12 avril.

Nous sommes à Marseille depuis hier soir, première visite au *Poitou*. A tout seigneur tout honneur! Nous saluons ce beau navire, immobile encore, tout chamarré de noir et de jaune, dressant vers le ciel la pointe de ses deux mâts. A le voir paisible et calme dans la rade, on le prendrait pour un grand oiseau de mer qui se repose avant une longue traversée. Cher oiseau, c'est à toi que nous allons confier nos vies tandis que tu nous porteras sur tes ailes, bien loin vers la Terre promise!

Ce matin, mistral violent, de courageux pèlerins montent cependant à Notre-Dame-de-la-Garde; mais nous trouvons imprudent de les suivre par ce vent froid. La ville elle-même ne se montre qu'à travers un nuage de poussière qui nous aveugle. Mais nous pouvons constater la bienveillance des Marseillais pour les pèlerins; on dirait qu'ils nous connaissent. Partout on parle de Jérusalem et du pèlerinage de pénitence: chacun nous souhaite bon voyage.

A neuf heures du matin on s'embarque. Que de monde sur le quai! C'est une bousculade générale. Les pèlerins se frayent un passage à coups de coudes au milieu des curieux. On reconnaît les prêtres pèlerins à leur barbe naissante, les pèlerines à leur mine affairée, à tout un monde de valises, couvertures, paquets, pliants, qu'elles vont entasser sur le navire. Voilà donc nos compagnons de mer et de terre pour plusieurs semaines, voilà nos frères d'armes pour la croisade. Mais, pour le quart d'heure, on ne prend guère le temps de se regarder; l'embarquement de quatre cents pèlerins ne se fait pas sans un peu de confusion. Avant que chacun ait trouvé à se caser, à introduire dans le navire ses caisses et ses valises, il y a évidemment une mêlée indescriptible et inévitable. Le va-et-vient des matelots, la foule qui stationne devant le bateau jusqu'à l'heure du départ, entravent la marche des pèlerins; mais au bout de deux heures la tourmente s'apaise, le calme se rétablit; on fait connaissance avec cette île flottante que nous allons peupler. Cependant l'évêque de Marseille, entouré de son clergé, monte sur le pont pour bénir le navire et la grande croix du pèlerinage. C'est une cérémonie touchante à laquelle on ne peut, hélas! apporter tout le recueillement désirable. Monseigneur parle depuis la dunette; bien habile celui qui entend, car déjà chacun est occupé de son installation.

Isabelle et moi descendons dans les flancs du navire. Nous espérions n'être que deux ou trois dans la même cabine; quelle déception! Nous la trouvons garnie de six couchettes. Et quelles couchettes! larges comme la main; la mienne sert de baldaquin au lit d'Isabelle, que je devrai escalader chaque soir. Supposez un caveau de famille! Quand nous serons toutes en bière ce soir, je me réjouis de voir l'effet.

En mer, deux heures de l'après-midi.

Le navire démarre à midi. Un formidable coup de canon annonce que l'ancre est levée, et nous voilà séparés de la terre. On entonne l'*Ave maris stella;* moment solennel et plein d'émotions! Adieu, chère France! adieu, ceux qu'on aime et qu'on laisse; que la Vierge d'or, qui est sur la colline, vous bénisse et vous protège! Le cœur se serre un peu, les larmes montent aux yeux; mais le but est si beau, qu'il vaut bien ce sacrifice. Le drapeau de Jérusalem flotte sur le grand mât au souffle du mistral.

Nous tanguons ferme; mais, près de moi, deux bonnes dames roulent simplement; du moins, c'est ce que vient de leur apprendre un brave pèlerin qui aime pérorer.

« Monsieur, qu'est-ce donc que le roulis et le tangage?

— Mesdames, répond-il avec aplomb, le roulis, c'est le mouvement du navire de l'avant à l'arrière; celui qui nous balance de gauche à droite, c'est le tangage.

— Merci, Monsieur. »

Et voilà comment ces bonnes dames crédules vont rouler tout le temps de la traversée, tandis que nous tanguerons. Grâce au ciel, ces divers balancements n'ont pas d'influence déplorable sur nos estomacs; nous restons bravement debout tous trois. Le pont est jonché d'infortunés étendus par terre; d'autres, appuyés sur les bastingages, allègent, sans respect humain, leurs cœurs bouleversés. Que de faces pâles et livides! tous les degrés de l'agonie y sont peints, mais d'une agonie qui heureusement ne conduit pas à la mort. Ceux qui résistent au terrible mal causent bruyamment, malgré une terreur secrète d'être pincés à leur tour; ils affectent des rires joyeux; le rire est, paraît-il, un excellent préservatif contre le mal de mer.

Parmi les victorieux, je remarque surtout les Pères de l'Assomption qui nous dirigent. Ils sont presque tous invulnérables; en première ligne le R. P. directeur. C'est une belle et souriante figure que celle du Père Vincent-de-Paul Bailly; ses traits réguliers, sa longue barbe grise, une sorte de majesté dans ses mouvements, lui donnent un grand air de distinction. Très bon et affable avec ceux qui l'approchent, mais très réservé, son aspect impose un peu de gène. Mais s'il semble parfois attendre qu'on vienne à lui, néanmoins il accueille toujours avec une grâce parfaite. Type idéal du vrai pèlerin, son but unique est la croisade; il y dévoue sa vie, ses talents et ses forces. Un peu plus de feu et d'entrain en ferait un nouveau Pierre l'Ermite, car il dirige à merveille le mouvement, plus encore qu'il ne l'entraîne; c'est le pilote habile qui tient le gouvernail.

Près du Père Bailly, comme son ombre fidèle, le suivant pas à pas, voici son secrétaire intime, le jeune frère Antonin. Il semble avoir pour mission d'épier les volontés et les moindres désirs du Père : c'est son page, son garde du corps.

Le Père Alfred, sous-directeur, est encore un vaillant. Doué d'une superbe tête à la longue barbe blonde et bouclée, il représente bien ces beaux types rigides, sculptés dans le bois ou le marbre, qu'on prête aux saints de nos vieilles cathédrales. Très actif, il s'occupe avec zèle et dévouement des affaires du pèlerinage.

A côté de lui, plusieurs Pères, dont l'un des plus sympathiques est certainement le bon Père Yvan, de la maison de Constantinople, très bronzé, à la barbe très noire, aux yeux doux presque timides, mais d'une bonté exquise. Je remarque surtout une figure fine, spirituelle et douce, figure de moine et d'artiste à la fois, c'est celle du Père Marie-Jules. Poète à ses heures, doué d'une voix harmonieuse, sa verve intarissable, troublée par le mal de mer, reprend vite le dessus dès que les flots se calment.

J'aperçois aussi quelques frères, jeunes, austères: l'un blond et mince avec une figure de saint Jean Berchmans; l'autre brun, aux traits accentués et énergiques.

Le côté laïque de la direction est représenté par M. de Bournonville, très grand, très vert encore sous ses cheveux grisonnants, aimable gentilhomme, très pratique et très complaisant. Il offre à tout le monde du quassia-amara, soi-disant remède souverain contre le mal de mer; mais il ne donne son antidote que moyennant *bakchich* pour les bonnes œuvres. Ayant fait plusieurs fois le voyage de terre sainte, il a contracté, par la force des choses, les habitudes arabes : *Bakchich! Bakchich!*

En pleine mer, vendredi 13 avril.

Première nuit dans notre chambre funéraire. Mais on a beau ressembler à des morts, on n'en sent pas moins la piqûre des punaises. Mon frère, lui aussi, en a vu toute une armée courir sur le plafond de sa cabine, ainsi que de nombreux cancrelas. Ce soir nous répandrons une poudre merveilleuse, et il faut espérer que nous serons préservés.

A six heures du matin nous nous sommes levés pour voir la Corse avec son cap avancé, et des montagnes aiguës couvertes de neige comme les Alpes. Nous les avons longées longtemps. Le vent est tombé à notre sortie du golfe de Lion; celui de Gênes nous occasionna un peu de houle et mit à l'envers bien des cœurs. Après la Corse, à gauche, une île émerge toute rose sur les flots : c'est l'île d'Elbe, qui entendit jadis tant de soupirs amers sortir de la poitrine du grand vaincu. Je saisis mes pinceaux et en trace péniblement les contours; mais la tête me tourne. Décidément il est plus sage de laisser les beaux-arts en paix et d'avaler une gorgée de quassia-amara. Le *Poitou* file, file toujours sur la mer bleue; bientôt nous apercevons Monte-Christo, qu'Alexandre Dumas rendit célèbre; puis l'île de Caprera et Formica (la fourmi), étendue de tout son long sur les vagues, et la charmante Pianosa, qui nous parle déjà de l'Italie. Toujours des montagnes rosées sortant de la mer bleue; parfois un petit village, niché dans leurs flancs, étale au soleil ses maisons blanches.

La Méditerranée est belle, mais d'un bleu uni, inaltérable et un peu monotone. Elle n'a pas la beauté sévère de l'Océan, ni sa grandeur, ni son mouvement, ni ses grandes colères, que Maurice appelle *mirabiles elationes maris,* et dont il est question dans le magnifique psaume XCII. Les vagues sont courtes et saccadées quand la mer est houleuse, mais d'ordinaire on dirait un beau lac tranquille; on ne sent pas la forte odeur marine, ni le sel qui pique les lèvres, comme sur les rives de l'Océan.

Vendredi après-midi.

Nous menons une vie charmante à bord. Les exercices de piété sont si habilement distribués, que l'ennui n'y trouve point de place. Le matin, messes depuis minuit, puisque nous avons deux cents prêtres qui se succèdent aux dix-huit autels portatifs qu'on dresse tous les matins, quand le temps n'est pas trop mauvais. Notre chapelle est installée à l'arrière, sous une tente faite de toile à voile. Rien n'est touchant comme cet autel si simple où Notre-Seigneur, réellement présent dans le tabernacle, est porté sur les flots comme autrefois sur la barque de Pierre à Tibériade, et adoré sans cesse par les pèlerins comme il l'est dans les plus belles cathédrales de la terre.

A neuf heures, on dit le chapelet médité par un dominicain, le Père Constant, de la maison de Paris et pèlerin comme nous. A mon gré, ses méditations sont un peu longues pour des auditeurs mal installés, exposés aux quatre vents du ciel et plus ou moins affligés du mal de mer. Mais que d'idées élevées, originales, se pressent dans ses commentaires ! en un mot, quel beau talent de parole !

A neuf heures et demie, le grand déjeuner; à midi, des conférences variées en plein air; c'est le moment le plus récréatif de la journée. A une heure, un second chapelet, non médité cette fois; à trois heures, le Chemin de croix souvent prêché; à cinq heures, dîner; à huit heures, le salut du saint Sacrement. Le reste du temps, liberté pour tous : on cause, on chante. Nous adoptons l'avant du navire, où la brise délicieuse nous passe sur le visage; mais, hélas ! souvent cette même brise nous lance en pleine figure des bouffées de parfum culinaire qui s'ajoutent aux odeurs transmises sur l'avant par d'énormes soupiraux de ventilation. Notre navire est en réalité une arche de Noé : sous nos pieds, bœufs, vaches, moutons, poulets, lapins, canards, perroquets, envoient des émanations désastreuses pour l'odorat. Puis l'odeur des huiles, des graisses et de la machine à vapeur, tout cela compose une atmosphère aromatique que nous appelons « les odeurs du *Poitou* », et dont nous nous souviendrons toute notre vie. Quand le vent vient d'arrière, la position n'est pas tenable, le pauvre cœur s'en va bon gré, mal gré. Mais, avec le vent debout, que c'est délicieux d'aspirer l'air frais à pleins poumons et d'écrire ses notes assise sur un tas de câbles, en regardant les gros marsouins qui suivent avidement le navire et filent au ras de l'eau !

Ce soir, on abordera la terre d'Italie. Déjà nos pensées devancent le vol du navire. Rome est là-bas, assise sur les sept collines, tranquille souveraine qui attend tous les hommages : demain nous la verrons. La joie déborde ; mille pensées diverses et « la fièvre des paquets », comme dit finement le Père Bailly, s'emparent de nous. On prépare ses valises, les malades sont guéris, le navire est changé en ruche d'abeilles qui bourdonnent un beau matin d'avril. Cette nuit on dormira immobile au port de Civita-Vecchia.

Au port de Civita, huit heures du soir.

Nous venons d'amarrer en vue de Civita. L'eau étant peu profonde, nous sommes obligés de jeter l'ancre à quelques cents mètres du port. Demain seulement nous pourrons atterrir. Depuis le pont, nous voyons s'allumer les lumières de la ville, et au ciel les étoiles. Ces illuminations célestes et terrestres se reflètent dans l'eau clapotante de la rade. L'Angélus tinte à toutes les églises, avec cette sonorité particulière qu'ont les cloches le soir. Sans effort, nos âmes s'élèvent jusqu'à Dieu.

II

QUATRE JOURS A ROME

Rome, samedi matin 14 avril.

Ce matin, de très bonne heure, tout le monde est sur le pont ; tous trois nous descendons dans la première embarcation qui vient nous chercher. Mais il y a loin des barques de Civita à ces douces et moelleuses gondoles qui sillonnent les eaux bleues de Venise et glissent au clair de lune, bercées par les mélancoliques barcarolles des gondoliers ! Ici, la poésie a perdu ses droits : nos barques sont détestables, horriblement sales ; nos gondoliers sont de prosaïques bateliers, qui s'arrachent avec force jurons les malheureux pèlerins et leurs paquets.

Après quelques aventures tragiques ou comiques, nous mettons pied à terre au milieu d'un rassemblement de curieux. Vite nous montons dans le train, tout joyeux de nous sentir sur la terre ferme et surtout sur la route de Rome. Mais la campagne est peu intéressante jusqu'à la grande capitale ; pendant trois heures on traverse une longue plaine monotone dont les stations sont absolument insignifiantes, et qui se continue jusqu'au pied de la Ville éternelle. On est tout surpris de voir ses murs d'enceinte se dresser tout à coup majestueux devant soi ; antiques fortifications romaines, construites avec ce ciment merveilleux dont la solidité défie tous les siècles.

Nous arrivons en gare, et nous nous jetons bien vite dans une voiture qui doit nous mener à un hôtel, via Sixtina, tout près de la demeure de nos cousins de Courten ; mais il est rempli, comme tous les hôtels en ce moment, par les pèlerinages français, autrichiens et allemands, qui affluent à Rome. Force nous est donc de chercher un gîte chez les particuliers, via Tolentino, à une élévation prodigieuse. Belle vue sur les toits : hauteur, cent douze marches !

Via Tolentino, samedi soir.

Que de choses vues déjà dans cette première journée, mais en voiture et à fond de train ! Le Colisée grandiose, mélancolique; le sang des martyrs a rendu immortelles ses mystérieuses ruines. Un vrai champ d'antiques débris se prolonge jusqu'à l'arc de Septime-Sévère : c'est le Forum, dont l'aspect est si triste et si grand !

Vu Saint-Pierre un peu moins en courant. C'est bien le nouveau temple de Salomon, monument magnifique de la foi universelle. On se sent ému devant la Confession, soutenue par quatre colonnes copiées sur celles du temple de Salomon ; c'est là que le pape officie pontificalement. Une couronne de candélabres en bronze doré entoure de lumières le lieu où sont déposées les reliques précieuses de saint Pierre et de saint Paul. C'est le point central de la basilique.

En entrant, l'œil n'est point saisi par la grandeur, tant les proportions sont harmonieuses ; mais à mesure que l'esprit réfléchit, il reçoit l'impression de la pleine mer, dont on ne voit pas d'abord l'immensité.

L'extérieur de la basilique n'a pas de style, il est assez banal ; c'est un dôme posé sur un grand carré de pierres : on peut dire que sa beauté est tout intérieure, comme celle de l'Épouse des Cantiques ! Pourtant, vu à quelque distance, ce dôme produit un grand effet, particulièrement depuis le pont Saint-Ange, jeté sur le Tibre. A droite, on contemple le fort Saint-Ange, plus loin, les hautes murailles du Vatican, et dans le fond, le dôme de Saint-Pierre, reliant les deux bouts de l'immense colonnade qui entoure la place, comme le globe qui surmonte une couronne impériale.

Partout à Rome on rencontre des débris antiques, plantés au milieu de la civilisation moderne : c'est la Rome morte, foulée aux pieds des vivants ! Débris d'une gloire évanouie, arcs de triomphes croulants, colonnes de victoires trouées par les siècles, forums dont il ne reste que des pierres ébréchées, portiques somptueux éboulés sur le sol ! Mais à côté de ces ruines se révèlent partout dans la ville les bienfaits des papes artistes : fontaines jaillissantes apportant la fraîcheur dans le sein de la ville, palais splendides remplis de chefs-d'œuvre, statues de Michel-Ange ou du Bernin, mêlées à la verdure des jardins publics. Ces deux contrastes me frappent vivement : d'une part la gloire de l'Église, de l'autre la ruine de ce qui fut si magnifique sous l'empire romain. C'est le cas de répéter cette parole si vraie de Julien l'Apostat : « Tu as vaincu, Galiléen ! » En effet, Jésus-Christ, par son Vicaire, est le triomphateur du Capitole nouveau, le roc contre lequel vient se briser la colère des rois.

Après Saint-Pierre, une de nos premières visites fut pour Saint-Jean-de-Latran, basilique d'une richesse inouïe. A côté de l'autel, enchâssée dans l'or et entourée de lumières, se trouve la table de la dernière Cène. On y admire aussi le splendide baptistère de Constantin. Tout près de là nous avons vénéré, dans une chapelle, une sainte et touchante relique, la *Santa Scala,* qu'on ne monte qu'à genoux ! Notre-Seigneur a passé là tout sanglant ; son sang a coulé sur ces marches, préservées par un revêtement de bois. Là où il y a des traces de sang, on a formé comme un reliquaire en cristal au travers duquel on aperçoit le véritable escalier de marbre. C'est un peu Jérusalem déjà.

Via Tolentino, dimanche 15 avril.

Ce matin, messe à Saint-Pierre. Mais Saint-Pierre est si grand et nous si petits, que nous voilà perdus au milieu du pèlerinage autrichien et croate, car notre messe doit avoir lieu après la leur, au même autel. Petit à petit, les pèlerins autrichiens s'écoulent, remplacés par les nôtres. Il paraît que Mgr Strossmayer est parmi eux. Je cherche à le voir. L'un me montre un grand évêque mince, à figure jeune et ascétique ; un autre me désigne un prélat à grosse moustache blanche, comme les évêques la portent en Hongrie. Qui croire ? J'hésite entre les deux, mais je penche pour la figure ascétique.

Le Père Alfred nous dit qu'on va vénérer les saintes reliques : la Lance, la vraie Croix et le Voile de Véronique. Vite nous arrivons à l'endroit désigné. Des prêtres présentent à la foule ces vénérables reliques du haut d'un balcon élevé de vingt mètres; avec de très bons yeux on peut distinguer les contours de la sainte Face. Après cette cérémonie, on célèbre la messe sur l'autel de la chaire de saint Pierre, qui renferme le siège où s'asseyait le prince des Apôtres. Cet autel est l'œuvre du Bernin, ainsi que les deux admirables tombeaux de Paul III et d'Urbain VIII qui l'entourent.

Dimanche soir.

L'après-midi, visite au comte et à la comtesse de Courten, qui nous reçoivent très aimablement. M. de Courten, colonel des gardes-suisses, nous annonce qu'il y aura demain une grande audience du pape pour les Autrichiens. Si nous pouvions nous y glisser, grâce à sa haute protection ! Il nous le fait espérer. Nous les quittons pour aller à Saint-Louis-des-Français entendre Mgr Turinaz, évêque de Nancy, qui doit faire le panégyrique du bienheureux de la Salle.

Nous assistons au sermon, fiers d'entendre à Rome la voix éloquente d'un évêque de Lorraine; il nous semblait, à nous Lorrains, que nous avions part au triomphe de l'orateur. Mais l'église était tellement bondée d'auditeurs et remplie d'oriflammes, que la voix magnifique de l'évêque de Nancy perdait un peu de son ampleur.

Après le sermon, chant des vêpres par la célèbre maîtrise de la chapelle Sixtine. Au bout d'une demi-heure, on n'en était encore qu'à la première antienne. De ce train, les vêpres devaient durer trois heures au moins. Il nous fallut partir. A Rome, un office chanté par cette maîtrise est un vrai régal artistique offert aux Romains, qui entrent, qui sortent et en prennent ce qu'ils en veulent. C'est admirable, en effet; mais nous n'avons pas les loisirs des Romains ; il nous faut courir au Gesu, où s'achève le triduum du grand pèlerinage français. A cette occasion on a fait une illumination splendide : l'église tout entière est en feu.

Nous visitons en passant le Panthéon, qui renferme les cendres de Raphaël et le triste mausolée de Victor-Emmanuel, et nous rentrons fatigués, mais contents de notre journée si remplie.

Lundi, 16 avril.

Grand jour aujourd'hui ! Nous avons vu le pape, grâce à la protection de M. de Courten, qui a protégé notre fraude. Il devait, en grande tenue de général, accompagner le souverain pontife à l'audience des Autrichiens. Nous nous glissons derrière lui dans la foule, et nous voici, mon frère, ma sœur et moi, serrés contre une colonne à l'entrée de la chapelle Pauline, très bien placés par un jeune garde-suisse fort complaisant. Chacun attend avec frémissement l'entrée de Léon XIII; dès qu'on l'annonce, les cris et les vivats retentissent, un frisson électrique parcourt la salle. Les gardes-suisses s'avancent dans leur pittoresque costume dessiné par Michel-Ange; puis les gardes-nobles avec leurs riches uniformes, portant la cuirasse et la culotte de peau de daim dans la haute botte et coiffés d'un casque empenné. Voici les simarres violettes des monsignors; les manteaux de pourpre des cardinaux, qui miroitent dans des chatoiements splendides. Enfin, porté sur sa sedia par des valets vêtus de soie amarante brodée aux armes pontificales, apparaît le pape, tout blanc au milieu de ce cortège. Son visage est d'une couleur diaphane, très émacié, austère; mais ses yeux noirs rayonnent de douceur et d'intelligence : nul pinceau ne peut rendre cette expression de souveraine bonté, c'est son âme même qui brille dans ses yeux.

Quand il passe près de nous, nous pouvons saisir sa main et la baiser. Il nous regarde, et quel regard! doux, profond, lumineux. Il ne fait que traverser les rangs et disparaît dans la chapelle Pauline, dont les portes se referment, car c'est par une autre issue qu'il entrera dans la grande salle d'audience. Nous n'essayons pas d'y pénétrer, à cause de l'encombrement; puis il nous faut voir tant de choses encore, qu'immédiatement nous quittons le Vatican, la joie dans le cœur, pour aller visiter quelques églises.

Nous allons d'abord à Sainte-Marie-des-Monts, où l'on vénère les reliques de saint Benoît Labre, le grand pèlerin. Ses vêtements et son linge en lambeaux sont suspendus dans la petite chambre où il est mort. Humble chambrette, que de secrets divins tu nous révèles! Misère héroïque et touchante, merveilles de courage et de zèle, vertus humbles et cachées du saint, voilà les secrets que tu dévoiles et qui réconfortent nos cœurs de pèlerins.

Puis Saint-Pierre-ès-Liens, où l'on expose à la vénération des fidèles les chaînes qui ont lié saint Pierre, ainsi qu'un fragment de celles de saint Paul. Dans cette église se trouve aussi le splendide Moïse de Michel-Ange, calme et majestueux, merveille de puissance : c'est un lion assis dans sa force.

Nous visitons de nouveau le Colisée avec une émotion croissante. Ces colonnes brisées, ces gradins écroulés, ces galeries aujourd'hui dévastées et silencieuses retentirent jadis de ce cri terrible : « Les chrétiens aux lions ! » Ici, de ces cages ménagées à l'intérieur de l'amphithéâtre, la bête fauve sortait haletante, la crinière hérissée, battant l'air de sa queue; elle bondissait, puis le sang du martyr arrosait la poussière !

Là-haut, le césar, immobile dans sa loge impériale, comme un dieu de marbre, recevait l'adieu des pauvres gladiateurs et ne daignait pas y répondre : « César, ceux qui vont mourir te saluent ! »

Mais tout cela est fini ; aujourd'hui tout est silence, le vent n'emporte plus le cri du gladiateur. César est mort, le paganisme est tombé, le sang des martyrs a fertilisé le sol de l'Église, et Rome est devenue chrétienne ! On voudrait rester là des heures entières.

J'ai revu le grand Forum, dominé par le Capitole et la roche Tarpéienne, où tant de triomphateurs virent la fin cruelle de leur gloire. A droite, les ruines du temple de Vénus et de Rome, puis celles du temple de la Paix, où l'on voit debout cinq magnifiques colonnes de porphyre de grandeur inégale, comme de gigantesques tuyaux d'orgue. Le Forum a gardé une empreinte grandiose : il semble retentir encore de la voix des orateurs et des cris du peuple, semblables à une mer qui mugit. Soudain le flot s'est retiré et n'a laissé sur le sol que des débris informes. Tel fut le sort de ce peuple romain sur un signe de Dieu !

Nous arrivons ensuite à la prison Mamertine, la plus émouvante des prisons, et nous descendons dans le cachot de saint Pierre, qui était celui des condamnés à mort. L'apôtre y fut descendu avec des cordes par un soupirail étroit ; il resta enfermé neuf mois dans ce sombre caveau, avec la perspective d'une mort cruelle et prochaine. J'ai pleuré là en baisant ces murs vénérables, et j'ai bu de l'eau à la source qu'il fit jaillir miraculeusement. Le cachot est petit et ténébreux, mais il exhale le parfum du martyre et de l'amour de l'apôtre pour son Maître.

De là, visite à l'Ara-Cœli, élevé à l'emplacement du temple de Jupiter Capitolin. Un bon moine nous montre et nous fait baiser le Bambino miraculeux qu'on porte aux malades dans une petite voiture. C'est un Enfant Jésus en bois tout couvert de pierreries, et, quand il passe dans la rue, on se met à genoux. Les Romains ont une grande vénération pour lui; on dit que bien des miracles ont été obtenus par la grâce du Santo Bambino. Dans cette même église se trouve un portrait de la sainte Vierge peint par saint Luc. Plusieurs églises, entre autres celle de Ligny, dans la Meuse, se font gloire de posséder l'original ; mais ce sont peut-être des copies de celui-ci, car le portrait de l'Ara-Cœli a pour lui toutes les preuves possibles d'authenticité. Le pape saint Grégoire faisait porter cette madone dans la procession célèbre où l'on entendit retentir dans les cieux la voix des anges qui chantaient le *Regina cœli*. Les colonnes de la nef sont très antiques, l'une provient de la chambre des césars.

J'écris à la hâte, car notre matinée si bien remplie nous laisse harassés de fatigue; aussi nous abattons-nous sur un restaurant, plus morts que vifs; un bon déjeuner nous rendra nos forces, et nous nous remettrons en route avec un nouveau courage, allant toujours de merveille en merveille.

Lundi, après-midi.

Je veux tout noter malgré la fatigue; puis reviendrai-je jamais à Rome? Cet après-midi donc, nous sommes retournés au Vatican pour visiter les admirables musées, les Loges de Raphaël et la Pinacothèque, véritable écrin qui renferme les plus célèbres chefs-d'œuvre. Voici les fresques de l'*École d'Athènes* et la *Dispute du saint Sacrement ;* plus loin, la toile admirable de la *Communion de saint Jérôme,* du Dominiquin, et la *Transfiguration,* qui m'a fait une impression singulière : j'y penserai au Thabor.

Puis nous allons à la chapelle Sixtine pour voir la fameuse fresque du *Jugement dernier,* de Michel-Ange; mais, oserai-je l'avouer? je reste consternée, anéantie. Je ne vois que des taches sombres empilées sur des taches plus claires comme des marbrures bleuâtres. Oh! que le temps a fait de ravages! Il a passé une teinte uniforme sur cette œuvre magistrale, confondu bras et jambes et les torses héroïques dans une fatale mêlée, dans une confusion presque indéchiffrable. Hélas! c'est un triste ouvrier que le temps. En voyant cette fresque, je pensais à la fin de toutes choses, car c'est bien la pensée du peintre, n'est-ce pas? mais écrite aujourd'hui en d'autres caractères que ceux qu'il y avait mis. A mon esprit se présentait cette devise, lue quelque part sous une vieille peinture de Van Orley, représentant un ange qui montre une tête de mort: *Inspice roboris, formæ opumque finem :* « Regarde la fin de la force, de la beauté et de toute richesse! »

Après avoir parcouru longtemps les immenses galeries, nous descendons les non moins immenses escaliers du Vatican. Tout à coup il me prend l'idée de courir à la recherche d'un certain monsignor Cicolini, qu'une personne de Saint-Dié nous avait recommandé comme devant nous être d'un grand secours à Rome. Un garde-suisse nous indique à peu près son appartement. Brisés de fatigue, il nous faut escalader, je crois, tous les escaliers du Vatican pour tomber finalement dans un petit réduit sous le toit, habité, en effet, par un respectable monsignor Cicolini, mais qui n'est pas du tout celui que nous cherchons! Il est trop tard pour reculer, le coup de sonnette est donné, et monsignor paraît. A ses premières paroles, nous avons la certitude que nous sommes volés, car le vrai monsignor Cicolini parle le français à ravir, tandis que que celui-ci l'écorche horriblement. Maurice et Isabelle me lancent des regards furibonds; moi, je suis très confuse de l'aventure, mais la position est si comique, que, malgré la fatigue et la déconvenue, un fou rire s'empare de nous, tandis que le pauvre monsignor Cicolini reste ébahi en lisant une lettre qui lui est adressée de Saint-Dié, et à laquelle il ne comprend naturellement rien. Profitant de sa stupéfaction, nous coupons court à cette comédie en battant lestement en retraite. Me voilà bien guérie du travers si commun de rechercher l'aide des puissants de ce monde!

En quittant le Vatican, nous nous jetons dans une voiture qui nous conduit, par la célèbre voie Appienne, aux catacombes de Saint-Calixte. Nos pèlerins en sortent déjà; nous sommes en retard, tant mieux, nous serons moins nombreux pour y descendre. Ces fameuses catacombes sont placées au milieu des champs, rien ne les indique au regard. On s'enfonce sous terre par un large escalier, une bougie à la main, et l'on pénètre dans ces mystérieuses galeries, foulant aux pieds la poussière des martyrs et des saints. L'odeur âcre qui s'échappe de nos bougies fumeuses, celle de moisissure qu'exhalent ces vieux saints murs, me transporte au temps où tant d'âmes héroïques vivaient dans ces sombres couloirs et menaient sous terre une vie angélique : Cécile, Agnès, Sébastien, Pancrace et tant d'autres! Cohorte lumineuse et céleste, je vous vois, comme une apparition, frôler de vos ailes d'anges ces antiques demeures, jadis sanctifiées par votre présence mortelle! Et il me semble entendre une musique céleste comme un murmure lointain. Hélas! le bon Père trappiste qui nous sert de cicérone ne nous laisse guère jouir de cette douce illusion, car il nous appelle pour nous expliquer, avec une verbosité extraordinaire, les moindres détails de ces demeures souterraines.

Partout on voit des inscriptions grecques et latines, des peintures naïves, dues au pinceau des premiers artistes chrétiens. Nous admirons d'abord la crypte des Papes, au fond de laquelle se trouve l'autel où l'on célébrait le saint sacrifice de la messe. Un étroit couloir conduit à la chapelle de Sainte-Cécile, où le corps de cette illustre vierge reposa pendant plusieurs siècles. On voit encore sur la muraille l'image d'une jeune femme richement parée, chargée de bracelets et de colliers. Évidemment c'est sainte Cécile, la noble patricienne, qu'on a voulu représenter.

Une autre fresque nous montre la tête de Notre-Seigneur, conforme au type byzantin, et entourée d'un nimbe circulaire. La chapelle désignée sous le nom de chapelle du Saint-Sacrement est enrichie de plusieurs fresques remarquables. L'une d'elles représente la touchante histoire du bon Pasteur portant l'agneau sur ses épaules. De chaque côté, des brebis qu'un apôtre cherche à ramener à son Maître : l'une se détourne avec dédain, l'autre regarde et écoute attentivement, une troisième, indifférente, broute l'herbe; mais la pluie du ciel tombe sur toutes. Cette fresque est pleine de grandes pensées. Une autre encore représente Jésus-Christ entre ses disciples, multipliant le pain et les poissons. Plus loin, j'admire une peinture curieuse antérieure au IIIe siècle : c'est un poisson portant un panier rempli de gâteaux et une fiole pleine de vin rouge, naïf et touchant symbole de l'Eucharistie.

Les catacombes de Saint-Calixte, les plus vastes de Rome, contiennent un nombre incalculable de ces fresques, remontant souvent au Ier et au IIe siècle, sans ordre, sans symétrie, souvent tracées à la hâte comme un mot d'ordre pour les soldats qui courent au combat, comme un langage mystérieux entre les martyrs, comme un signe de ralliement pour les chrétiens à venir.

Au Vatican, mardi 17 avril.

C'est aujourd'hui le grand jour de l'audience des pèlerins de Jérusalem! A dix heures nous sommes déjà là, debout, serrés coude à coude et rangés sur deux rangs tout autour de l'immense salle Clémentine. Onze heures sonnent, rien! Midi, rien! La fatigue et l'ennui de l'attente commencent à rendre la foule houleuse : des évêques, des monsignors de toutes nations, passent continuellement devant nous pour solliciter des audiences particulières auprès du souverain pontife, sans pitié pour les pauvres pèlerins de la pénitence, si impatients de le voir; aussi leur lançons-nous des regards chargés de ressentiment! Enfin, à une heure, un mouvement se produit au fond de la salle, la grande porte s'ouvre : voici le pape! Il entre, porté sur la sedia, mais avec moins d'apparat que la veille. On l'acclame avec enthousiasme : « Vive Léon XIII! vive le pape-roi! » C'est magnifique; notre émotion grandit, grandit comme la marée montante, tandis que le souverain pontife parcourt nos rangs et dit un mot à chacun: elle est à son comble quand il s'approche de nous.

Au travers de mes larmes, je puis à peine articuler ces mots :

« Saint-Père, votre bénédiction pour ma mère et les miens.

— Oui, oui, répond-il, pour tous les vôtres, pour tous ceux que vous aimez, pour ce que vous désirez, je vous la donne. »

Puis, avec son bon et fin sourire, il nous regarde et nous abandonne sa main. Il nous touche même paternellement la joue à ma sœur et à moi, et après quelques paroles échangées encore, il se tourne vers nous et d'autres femmes en disant :

« Allons, les pèlerines de Jérusalem, au revoir, bon voyage et bon courage! »

Ces quelques mots, dits avec cette expression angélique qui lui est propre, resteront pour toujours gravés dans notre mémoire. A l'un de nos pèlerins il dit aussi que le désir d'aller à Jérusalem avait été le désir de toute sa vie; mais que maintenant il ne pourrait plus l'accomplir. Puis il prononça ces paroles mémorables et consolantes, si pleines de foi et d'espérance :

« L'amour de Jérusalem et des lieux saints est un signe de prédestination, et ceux qui font le pèlerinage de terre sainte en esprit de foi sont assurés de leur salut. »

Après que le pape eut parcouru tous les rangs, les porteurs le déposèrent au milieu de la salle. Alors il se leva, rejeta en arrière son manteau rouge et apparut tout blanc à nos yeux, environné d'une incomparable majesté. D'une voix forte et vibrante, et levant ses mains vers le ciel, il nous donna la bénédiction papale; puis il se rassit sur la sedia, nous fit un geste d'adieu et s'éloigna en priant.

Quel homme que ce faible vieillard, qui remue l'univers et devient l'arbitre des rois! La main de Dieu même a imprimé sur son front cette force morale et cette douceur, sceau de génie et sa sainteté. Il est vraiment lion par la force: *Leo!* et père par le cœur: *il papa.*

Il est deux heures et demie: nous n'avons pas de temps à perdre, car il nous reste à visiter l'exposition vaticane et Saint-Paul-hors-les-Murs.

Via Tolentino, mardi soir.

C'est inconcevable la quantité et la richesse des objets offerts à Léon XIII à l'occasion de son jubilé! Une véritable exposition internationale. Objets d'art et reproductions industrielles excessivement remarquables, pierreries, diamants, bijoux précieux offerts par les souverains; chasubles d'un travail merveilleux, linges d'autel finement brodés et remplissant des salles entières; tous les diocèses de France sont représentés par leurs dons particuliers. Nous avons remarqué avec un vif plaisir les présents de notre diocèse de Saint-Dié, qui ne sont pas les moins beaux. Comment tout énumérer? Il faudrait un volume entier: autels artistiques sculptés, statues en bronze, tableaux à l'huile, missels admirables, vins fins et provisions de toutes sortes remplissant de longues galeries. Des fourrures rares, des tapis splendides envoyés par l'empereur du Maroc; des croix, des reliquaires enrichis de pierreries, dons princiers ou royaux; la magnifique tiare donnée par le diocèse de Paris; des vases de Sèvres offerts par M. Grévy au nom de la France; un diamant d'une grosseur remarquable donné par le sultan, etc.: le monde entier a payé son tribut au grand pape.

Du Vatican, nous courons à Saint-Paul-hors-les-Murs, autre joyau, vrai palais en marbres des plus rares. Les portraits en mosaïques splendides de tous les papes depuis saint Pierre ornent la frise de la nef. Au milieu de la basilique, on admire la Confession, où sont renfermées les précieuses reliques de saint Pierre et de saint Paul. Cette confession est tout ce que l'on peut imaginer de plus beau. Quatre colonnes de porphyre rouge soutiennent un baldaquin, appuyé lui-même sur quatre colonnes d'albâtre oriental, veiné comme la peau du tigre et d'un poli admirable; leurs bases sont en malachite. Elles furent données à Grégoire XVI par un vice-roi d'Égypte.

Le cloître qui court le long de la basilique, à l'ouest, est très beau et très curieux; il date de 1220.

Dans une chapelle latérale, on vénère le crucifix miraculeux de sainte Brigitte, qui adressa plusieurs fois la parole à la sainte; le visage témoigne d'une indicible douleur. Les sacristies renferment de précieuses reliques : le voile de la sainte Vierge, la chaîne de saint Paul, le crâne de la Samaritaine, etc.

Rome, mercredi 18 avril.

Voici notre dernière journée dans la Ville éternelle. Que ce séjour a passé vite, mais combien il a été délicieux! C'est voir Rome à vol d'oiseau, il est vrai; mais c'est une vue d'ensemble qui est pleine de grandeur.

Ce matin, nous retrouvions le pèlerinage à Saint-Laurent-hors-les-Murs. Le chœur de cette basilique date de Constantin et servait de nef à l'ancienne église, qui était beaucoup plus petite. On y vénère une plaque de marbre percée de trous, sur laquelle fut déposé le corps du saint martyr brûlé vif, et qui porte encore les empreintes de son sang. Au fond du chœur, dans une chapelle assez vaste, se trouve le tombeau de Pie IX, qu'il voulut simple et sans ornement. Telle fut l'humble volonté du grand et saint pontife; mais on tourne la difficulté en décorant splendidement la chapelle, qui rendra glorieuse cette simplicité.

Après la messe du pèlerinage et après la visite du magnifique Campo Santo, situé près de l'église, et qui renferme d'admirables mausolées en marbre blanc, chacun se disperse dans la grande cité pour visiter une fois encore quelques-unes des richesses accumulées dans son sein. Dernières visites, derniers adieux; mais, hélas! que de chefs-d'œuvre à peine entrevus, que de merveilles à peine effleurées, que d'églises remarquables visitées à la hâte! Sainte-Marie-Majeure, brillante de marbres polis, ornée de sculptures et de bas-reliefs finement ciselés, et qui possède la crèche de Bethléhem! La Minerve et Saint-Paul-aux-Trois-Fontaines, Sainte-Cécile et tant d'autres! Et les monuments de la ville : cette magnifique fontaine Trévi, due à la munificence de Clément XIV, et la place Navone, avec son bel obélisque surmontant la fontaine, et la place del Popolo, et le Corso, si bien aligné, qui vient finir au pied du Capitole, et ce sombre palais du Quirinal, lugubre forteresse, d'où l'on voit briller dans les airs, comme un défi superbe, le dôme de Saint-Pierre!

Cet après-midi il nous faudra partir; nous quitterons la gloire du Christ pour le suivre dans ses abaissements, jusqu'à la ville tant aimée et maudite : Jérusalem! N'a-t-il pas conduit lui-même sur le Thabor ses trois fidèles, qui devaient être témoins de ses souffrances? Rome est un Thabor, et, comme les apôtres, nous serons fidèles, je l'espère.

A trois heures, on reprendra le train pour Civita, avec la perspective de six jours de *Poitou* sans toucher terre.

III

DE CIVITA-VECCHIA AU MONT CARMEL

A bord du *Poitou*, mercredi soir.

L'embarquement fut difficile, mais en même temps assez comique. La mer était si houleuse, que nos barques dansaient comme des coquilles de noix et faisaient des plongeons affreux.

Le moment critique est toujours l'abordage du navire. Il s'agit d'exécuter une gymnastique invraisemblable, car la barque, qui s'approche autant que possible de l'escalier du navire, fait des sauts insensés, et chacun se demande comment il pourra saisir la rampe et mettre le pied sur le premier échelon. C'est alors que la comédie commence. Les uns s'élancent à tout hasard, glissent, prennent un bain de pied, se cramponnent à la rampe et finissent par arriver, mais tout honteux. D'autres manquent le coup et retombent dans la barque, au risque de se rompre les os. Sans aucun doute, beaucoup se seraient permis de piquer une tête au fond de la rade sans le bras vigoureux d'un matelot qui préside à ce genre de sauvetage. Une pauvre pèlerine fait un effort héroïque et digne d'un meilleur sort, son sac tombe à la mer. Rien n'est plus drôle! Il s'éparpille de la plus belle façon : on le repêche en partie, mais je vois longtemps un *ricordo* rouge de Rome sautiller sur les vagues.

L'embarquement fini, on retire les ancres, l'hélice commence à trépider, la machine lance un tourbillon de fumée, nous voilà partis!

En mer, six heures.

Ce soir nous n'avons guère d'entrain, Isabelle et moi; nous payons sans doute la fatigue de notre séjour à Rome. Aucun goût pour lire, pour écrire, ni pour quoi que ce soit : nous avons ce qui s'appelle du « vague à l'âme ». On ne peut réagir contre ce malaise, parce que le moindre effort l'augmente. Maurice, si vaillant d'habitude, n'est pas un vrai marin aujourd'hui. Les odeurs du *Poitou* sont vraiment écœurantes; aussi le grand air est-il le meilleur remède en cette occasion. Nous allons bravement dîner, Maurice et moi; mais Isabelle garde une diète rigide.

Nous avons une nouvelle habitante dans notre cabine, entrée dans notre pèlerinage depuis Rome seulement. C'est une Anglaise touchant la cinquantaine, avec de grands yeux ronds effarés; elle semble tomber de la lune, tant elle est dépaysée sur le *Poitou*. Cette pauvre miss paraît absolument ahurie, et sans l'aide que nous lui prêtons en mille circonstances elle perdrait souvent la tête. C'est bien une insulaire pur sang, choquée de tout et affectant une pruderie si exagérée, que souvent le rire nous gagne en regardant cette digne fille de la Grande-Bretagne.

En mer, vendredi matin, 20 avril.

J'ai voulu me lever à trois heures pour voir le détroit de Messine; mais, arrivée sur le pont, on m'assure que nous l'avons franchi à deux heures. Quel dommage! Il est fort joli, disent ceux qui l'ont vu; les lumières de Messine et de Reggio, vis-à-vis l'une de l'autre, croisaient leurs feux, et nous glissions entre les deux écueils si célèbres de Charybde et de Scylla. Je rentre piteusement dans ma cabine, en me promettant plus de chance au retour.

Hier soir, nous avons passé en vue du Stromboli, que l'on distinguait parfaitement. C'est un pic sorti des eaux par une puissance volcanique, et qui lance des flammes à quinze minutes d'intervalle. De son sommet à l'ouest s'échappent des fusées dont la durée est d'une vingtaine de secondes.

Le Père Bailly, qui tire parti de tout, nous a fait prier pour les âmes du purgatoire. D'après une révélation de sainte Colette, il paraîtrait qu'un jour ces pauvres âmes apparurent sur le Stromboli pour demander des prières.

Beaucoup placent, en effet, le purgatoire au centre de la terre. Je n'ai pas la prétention de porter un jugement sur cette grave question ; en tout cas, il n'y a rien d'étonnant à croire que Dieu ait permis à ces âmes d'apparaître un jour au milieu de ces feux, image des tourments qu'elles endurent.

Ce matin nous avons dit adieu aux côtes d'Italie; nous sommes, à l'heure qu'il est, groupés sur le gaillard d'avant, assis sur un tas de câbles, notre place favorite. Il y fait délicieux; le vent qui nous passe sur le visage tempère le soleil déjà ardent. La mer continue à être très calme; nous avons une belle traversée, grâce à Dieu! Il ne faut se plaindre de rien, ni des petites misères ni des grands malaises, car

A vaincre sans péril, on triomphe sans gloire!

Après midi.

Les pieux offices de la journée coupent agréablement notre temps. Je ne trouve rien de touchant comme ce Chemin de Croix tracé sur les eaux : dernière bénédiction envoyée à ces corps de martyrs, de croisés, de Français, qui pavent le fond de cette mer. Quelqu'un a dit : « Le marin laboure continuellement son cimetière, » et c'est vrai. Un jour la mer dévorante attirera le marin et s'ouvrira pour engloutir sa proie. Le marin sait qu'il fait le sacrifice de sa vie à cette souveraine, c'est pourquoi d'ordinaire son cœur s'oriente vers le ciel.

Les émotions sont bien grandes, bien intimes à bord : elles préparent doucement à en ressentir de plus intenses sur le sol de la terre sainte. Comme tout devient méditation sur le navire! Méditation facile, écrite en lettres magnifiques dans le ciel et sur l'eau. Le soir, quand le soleil se couche, que ce brasier ardent touche la mer et lance ses dernières fusées sur le fond d'or, cette partie du ciel est flamboyante, tandis que le reste monte la gamme du vert malachite à l'outremer foncé. Et quand le disque rouge glisse lentement sur les eaux, que de fois, debout sur la poupe, nous suivions du regard l'astre mourant en murmurant ces vers de Lamartine :

Le roi brillant du jour, se couchant dans sa gloire,
Descend avec lenteur de son char de victoire.

A l'heure où la lune s'élève, faisant miroiter les vagues comme de la moire d'argent, et que le ciel profond est parsemé d'étoiles, points d'or tramés dans du velours bleu, il n'est pas difficile d'élever son esprit : *Sursum corda!* On resterait là des heures entières sans penser au sommeil. Et quand on voit briller, à l'arrière du navire, la lumière tremblante qui brûle devant le tabernacle, le cœur ne fait-il pas instinctivement un bond de ce côté-là?

Samedi, 21 avril.

Encore quatre jours de mer, quatre jours de langueur et d'affaissement. L'esprit veut s'élever, et le corps abattu l'entraîne. C'est un combat singulier entre l'âme et la bête. Aujourd'hui c'est la bête qui est victorieuse. Pour comble de malheur, le mal du pays me prend, un vrai spleen ! Serait-ce par hasard notre Anglaise qui l'aurait apporté des bords de la Tamise et communiqué à ses amies du *Poitou?*

C'est un désir insensé de revoir quelque chose de mon pays, ne fût-ce qu'une petite fleur ou même un brin d'herbe de mes belles montagnes! « Pauvre bête, il est naturel que tu réclames un peu d'herbe! » C'est l'âme qui dit cela d'un ton moqueur; puis elle ajoute : « Pense à Jérusalem, qui nous attend là-bas. Tu es partie avec tant de joie, serais-tu devenue lâche, par hasard? » Voilà un bon coup d'éperon pour la bête; elle se relève vivement, un peu honteuse de cette réprimande.

En vue de l'île de Crète, samedi midi.

On annonçait pour midi la vue de l'île de Crète ou Candie. En effet, la voici qui s'étend à perte de vue, avec ses montagnes neigeuses et ses pics aigus. Nous montons sur la passerelle des officiers : ce privilège nous est accordé par le commandant, M. Allemand, qui est fort complaisant. Très ferme et très bon, sa conversation révèle un homme à principes solides. Le second, sous une rude écorce de marin, cache un bon cœur, franc et énergique; du reste, l'état-major est très bien composé : tous se ressentent de la noble influence de leur chef.

Nous serons ici aux premières loges pour entendre la conférence que va faire l'abbé R***, de Bordeaux, laquelle aura pour sujet le naufrage de saint Paul devant cette île célèbre. La conférence commence. Le bon curé qui nous parle est fort savant, mais peu causeur. Il a écrit un livre très intéressant sur saint Paul; mais on ne peut toujours manier avec autant de succès la plume et la langue, aussi y a-t-il de pénibles moments de silence. Est-ce que par hasard le discours ferait aussi naufrage? Le Père Bailly, toujours sur la brèche, intervient, raccommode le fil, et tout s'achève en bon ordre. L'autre jour, un de nos pèlerins, M. le Hardy, nous a tenu pendant plus d'une heure sous le charme d'une conférence sur les croisades; nous nous sentions reportés à huit siècles en arrière, et, comme nos ancêtres, nous avions envie d'endosser le heaume et la cuirasse. Du moins leur cri nous reste: Dieu le veut! Dieu le veut!

Samedi soir.

Les derniers jours de traversée sont longs. Il semble qu'on n'avance pas sur la mer endormie.

Heureusement la gaieté n'est pas absente sur le navire, car jamais visage de pèlerin n'engendra la mélancolie. Nous avons même des concerts joyeux en plein air, des chansonnettes amusantes qui arrachent des sourires aux moins vaillants. Notre ménestrel en chef est le bon abbé Robin, de la Meurthe, surnommé le Lorrain. Quand il apparaît, le mal de mer s'enfuit, les malades sont guéris, les guéris accourent vite; chacun se range autour de lui, quelques matelots même s'approchent timidement pour l'écouter. Il a un répertoire amusant, une verve intarissable; il est plaisant, il est original. C'est le médecin malgré lui, plus heureux dans ses cures que le vrai docteur du bord, lequel est médecin malgré... les malades. Heureusement pour les infortunés, un autre docteur, pèlerin comme nous, mais celui-là d'une réputation justement méritée, le docteur Pilate, prête son concours dévoué à l'occasion.

Dimanche matin, 22 avril.

Cette nuit, scène très comique dans notre cabine. A trois heures du matin, notre Anglaise nous réveille en sursaut. Je vois vaguement un grand fantôme blanc, c'est elle en chemise de nuit : *Aoh! shocking!*

« J'ai perdu mon borse, crie-t-elle de toutes ses forces; je avais deux borses dans mon jupe, on me les a volées! »

Mme Verger se soulève à moitié endormie :

« Cherchez bien, Madame, dit-elle; vous les retrouverez sans aucun doute.

— Mais nô, je ai cherché, on me les a pris, on a volé mon jupe et mes borses. Je vais appeler le Père directeur.

— Vous ferez bien de vous habiller d'abord, » ajoute Mme Verger.

Au bout d'un instant l'Anglaise s'écrie :

« Ah! voici mon jupe, je l'ai retrové. »

Puis elle s'assied sur sa couchette et reste un temps infini immobile, le regard fixe. Cette fois, elle nous paraît tout à fait « toquée ».

Après midi.

Journée superbe aujourd'hui. Bon vent, qui nous pousse mieux qu'hier : nous filons douze milles à l'heure. La première terre que nous verrons désormais sera la terre sainte. On se prépare déjà à débarquer : chacun s'occupe à mettre ses valises en ordre, les unes qu'il faut laisser sur le navire pour être transportées à Jérusalem par Jaffa, d'autres qu'on prend avec soi pour la traversée de la Samarie. Puis on écrit ses lettres pour les envoyer depuis Caïffa aux chers absents. L'animation règne sur le navire, la joie est dans les cœurs; partout ce sont des gaietés d'oiseaux qui vont s'envoler.

Nous venons d'entendre la dernière conférence faite par un prêtre du diocèse de Versailles, M. l'abbé Brandel, qui semble animé d'un zèle à toute épreuve. Il nous intéressa vivement en exposant les moyens de régénérer une paroisse, donnant pour exemple sa petite paroisse de cinq cents habitants, dans laquelle il a pu fonder en quelques années une confrérie pour les jeunes filles, un patronage pour les garçons, et même il a l'ambition de créer plus tard une école libre pour les jeunes filles.

Il fait bon entendre vibrer un cœur d'apôtre, et nous faisons des vœux pour son œuvre.

Lundi matin, 23 avril.

On commence à arborer des costumes plus ou moins étranges. Impossible de reconnaître ses compagnons de la veille. Celui qu'on a vu tout de noir habillé est maintenant tout blanc. Les chapeaux fantaisistes, recouverts de calicot, ressemblent à d'énormes champignons dont la pelure pend tout autour; les uns ont adopté la casquette à immense visière, d'autres le casque en liège avec des gazes flottantes. De grosses lunettes bleues font leur apparition, et les manteaux blancs défroissent leurs plis sur le dos de leurs propriétaires. On ne peut se regarder sans rire. Que vont dire les indigènes des modes de l'Europe?

Dans mon for intérieur, je me demande pourquoi on n'adopterait pas un costume uniforme pour les pèlerins futurs; l'ensemble serait moins grotesque et plus digne de la gravité du but que nous nous proposons.

Lundi, onze heures du soir.

Je me jette tout habillée sur ma couchette, attendant avec une émotion très vive les chants qui m'annonceront l'apparition de la terre sainte, car on la saluera par des hymnes dès que la lumière du Carmel sera visible. Lumière bénie, quand te verrons-nous paraître? Nous glissons tout droit sur les abîmes insondables, bientôt nous serons au port. Nous sommes un peu comme Moïse exposé sur les eaux et que la fille de Pharaon va recueillir : notre corbeille est plus grande, et moins fragile heureusement; mais une fille de Pharaon nous protège aussi et va nous recevoir : c'est la Vierge immaculée, Notre-Dame du mont Carmel.

En vue du Carmel, mardi 24 avril.

La voilà donc sous nos yeux, cette sainte montagne du Carmel! Les premières lueurs du jour lui font une auréole lumineuse, symbole de la gloire de tant de saints qui depuis Élie habitèrent son sommet. Le phare brillant nous a signalé la terre sainte, nos cœurs déjà chantent l'hosanna de l'arrivée.

Voici le jour : nous distinguons mieux la ville de Caïffa, blottie au pied de la montagne dans un petit golfe. Le soleil brille et éclaire ce paysage nouveau, tandis que notre navire s'approche de plus en plus de la petite ville aux maisons blanches et sans toit, comme sont toutes les villes d'Orient.

Les dernières manœuvres se font; on jette l'ancre, qui s'enfonce bruyamment dans le sable asiatique. Bientôt nous voyons apparaître des barques et des caïques, montés par des Arabes bariolés de rouge, jaune, bleu, rose, etc., qui se précipitent sur nous en criant : *Bakchich!* (pourboire). Ce mot : *bakchich*, est le premier qu'on entend en mettant le pied en Palestine, et c'est aussi le dernier. Cette race d'Arabes est une race de mendiants, et à l'occasion de voleurs très habiles. Ils me font penser à cette autre race de pillards, les Italiens. Toutes deux cherchent à dévaliser le pauvre voyageur, avec cette seule différence que l'Italien vole sans demander, et que l'Arabe demande avant de voler. Décidément j'aime mieux les Arabes, ils sont plus polis. Mais, hélas! leur idiome n'a point l'harmonie ni la suavité de la belle langue toscane : il écorche l'oreille du plus sourd et ne semble créé que pour les gens en colère; la plus douce parole qu'ils puissent dire ressemble à un cri de fureur.

Nous sommes tout surpris de voir si promptement un tel changement de décor, de l'Europe à l'Asie, nature et gens. Palmiers au feuillage flottant en panache, terre très blanche colorée vivement par ce soleil d'Orient, ciel bleu intense, profond et lumineux : tout cela est tellement pittoresque, que je voudrais m'arrêter là et croquer ces types dans cet étrange paysage.

IV

LE MONT CARMEL

Mont Carmel, mardi 24 avril.

C'est sur les hauteurs ravissantes du Carmel que j'achève le récit de notre débarquement à Caïffa et de notre arrivée au monastère. Une fois descendus dans leurs barques, nos Arabes nous conduisent lestement jusqu'à la baie de Caïffa. A peine débarqués, nous tombons à genoux dans la poussière, pour baiser cette terre sainte que nous venons visiter de si loin, et nous récitons le *Pater* et l'*Ave,* afin de gagner l'indulgence plénière accordée à tout pèlerin qui touche pour la première fois le sol sacré. Les musulmans rassemblés sur le quai nous regardent avec étonnement, peut-être avec une secrète admiration pour notre respect et notre prière, car ils possèdent au plus haut point le sentiment religieux. Et puis ils savent que nous sommes des Français, et la France jouit là-bas d'un immense prestige. En le baisant, nous prenons possession de ce sol tant de fois conquis et tant de fois perdu, de ce sol baigné du sang de Jésus-Christ et acheté par nos ancêtres au prix du leur! Oui, cette terre maintenant abandonnée, nous voulons, croisés de la prière, la reconquérir au nom de la France catholique.

Notre première visite est pour la petite église des Pères Carmes, où l'on forme une magnifique procession qui s'allonge dans les rues tortueuses de la ville, au milieu de la population en haillons, attroupée pour nous voir passer. Mais ce sont des haillons brillants, des loques multicolores du plus charmant effet; ils ne s'en doutent guère, les pauvres gens, et nous trouvent sans doute bien beaux, accoutrés comme nous le sommes. *Francès! Francès!* entendons-nous répéter avec admiration. Quelques jeunes Arabes, au visage souriant, nous saluent en français :

« Buon-jor, Francès! Comment vous portez-vous? »

La langue de la patrie, dans ces bouches orientales, prend des inflexions étranges, pleines de charme. Nous sommes bien accueillis du reste, pas une raillerie sur notre passage; ils semblent tous aimer la France : c'est un bon point pour les Orientaux.

Notre procession entre dans les beaux jardins des Dames de Nazareth, établies à Caïffa au bord de la mer; nous en faisons le tour au chant du *Laudate Dominum.*

Je ne me lasse pas d'admirer cette végétation luxuriante : nopals gigantesques, figuiers, oliviers, orangers, citronniers et fleurs de nos pays en pleine floraison. C'est embaumé, c'est fleuri, c'est ensoleillé. Où sont les neiges de la patrie? Ici, printemps dans la nature, printemps dans le cœur.

Puis nous gravissons les pentes rocailleuses du Carmel, laissant la mer à nos pieds. Parmi les plantes aromatiques qui parfument notre chemin, je reconnais la sauge, le genévrier, le thym et les genêts épineux. Quelles senteurs délicieuses! Pendant trois quarts d'heure, notre procession enrubane la montagne, et nos chants s'élèvent comme la fumée de l'encens. Arrivés au sommet du Carmel, les cloches du monastère s'ébranlent, leur timbre argentin nous réjouit le cœur. Les Pères Carmes sont tous là pour nous recevoir et nous offrir une orange en signe d'hospitalité. La vue de ce beau fruit d'or nous rafraîchit déjà et nous repose de nos premières fatigues sous le brûlant soleil d'Orient.

Le monastère est un grand monument carré, solidement établi comme une forteresse. Il est ainsi disposé pour la sécurité des moines, qui peuvent être obligés, un jour donné, d'échanger leur rosaire contre un mousquet et de soutenir un siège en règle contre les pillards ou les fanatiques, comme cela est arrivé maintes fois.

Les bons Pères nous précèdent dans leur chapelle, bâtie au-dessus de la grotte du prophète Élie, où l'on dira la messe tout à l'heure; mais, sachant bien que nous mourons de soif et nous voyant à tous une orange à la main, ils ont pitié de ces nouveaux Tantales et nous disent de manger nos oranges. Nous ne nous faisons pas prier; assis par terre ou sur les marches d'un autel, tout simplement comme de vrais pèlerins fatigués, nous prenons ce frugal repas.

Après la messe, nous entrons dans la grotte vénérable où l'on descend par quelques marches. Elle est petite et basse et servait de demeure à saint Élie. Voici l'endroit où le prophète mettait son pain et sa cruche d'eau ; ce rocher, que je touche, a abrité le premier des anachorètes. Sans doute, il eut ici plusieurs visions de Dieu, la révélation touchante de l'Incarnation, celle de la Vierge immaculée, et il y éleva le premier autel à la gloire de Marie. A l'ombre de ce petit sanctuaire, sous l'aile maternelle de Notre-Dame du mont Carmel, il fait bon prier.

Mardi, après-midi.

Après la messe, chacun reçoit son billet de logement. On nous envoie, nous autres femmes, dans un bâtiment situé près du couvent et appelé *Palais arabe*. Ma sœur et moi partageons avec une quinzaine de dames le privilège d'avoir des lits. Ces lits de fer sont installés dans une grande salle voûtée, côte à côte comme à l'hôpital. Les autres ont leurs billets... de parterre, sur des nattes. Les prêtres, eux, seront couchés sur des tapis ou plutôt sur les dalles du grand cloître des Pères, qui fait le tour de la maison.

Quel curieux spectacle ce doit être de voir toutes ces soutanes alignées comme des bâtons de réglisse dans une boîte ! Mais mon frère nous dit que c'est moins récréant quand on y figure pour son propre compte.

Les repas sont servis par les Arabes sur une douzaine de tables en bois, dressées sous une tente, au-dessus de laquelle flotte le drapeau français. Au dedans c'est vraiment luxueux : assiettes en fer-blanc, gobelets en fer-blanc, fourchettes et cuillers *idem*, couteaux *idem*. On rit de bon cœur, on mange d'un bon appétit, sans que la vue même de nos marmitons puisse déconcerter l'estomac. Cette vue est pourtant peu engageante. L'eau manque pour laver notre vaisselle plate, c'est un bouchon de paille qui fera l'affaire ; en sorte qu'au repas du soir nous risquons fort d'avoir l'assiette du voisin telle à peu près qu'il l'aura laissée sur la table, c'est-à-dire avec une buée graisseuse où l'on pourrait écrire son nom. Mais à la guerre comme à la guerre ! De vrais pèlerins ne doivent pas être difficiles.

Le Père Bailly égaye le dessert, composé d'une orange et d'une tasse de camomille, en nous donnant les « avis » entremêlés de traits d'esprit ; on pourrait les intituler « Avis spirituels ».

Nous faisons de nouvelles connaissances au Carmel. Et d'abord entre pèlerins on commence à se sourire, à se reconnaître. Sur le *Poitou,* chacun avait plus ou moins l'âme à l'envers, on ne pouvait que se regarder de travers ; mais ici l'allégresse qu'on éprouve prédispose à la sympathie. Nous retrouvons une charmante et jolie jeune fille qui reprend les roses de ses dix-huit ans, depuis qu'elle a mis pied sur la terre ferme : c'est Flavie Novo. Ses yeux ont la douceur du velours et la fermeté d'une âme virile. Son visage, d'un ovale très pur, a le teint mat d'une Espagnole. Fille d'Espagnols, en effet, mais orpheline de mère, sa mission de fille aînée ajoute une maturité précoce à la candeur de l'enfant. Son père l'accompagne et nous plaît beaucoup. Instinctivement nous nous retrouvons toujours et partout.

C'est avec un plaisir nouveau que nous revoyons Mlle Marie Gahéry, cette nature d'élite, fine et douce, qui nous a été si sympathique à première vue. Elle ne viendra pas avec nous en Samarie, pas plus que M. Novo et Flavie, leurs santés ne leur permettant pas d'affronter ces fatigues. Isabelle me raconte qu'elle vient de faire la connaissance d'une jeune femme très distinguée, Mme M***, de Roubaix, ancienne élève du Sacré-Cœur comme nous, qu'elle avait remarquée plusieurs fois sur le *Poitou,* ainsi que son aimable compagne de voyage Mlle Marie Leuridan. Je cherche en vain à les rencontrer ; il est dit que je ne ferai pas leur connaissance aujourd'hui. Voici encore une ancienne élève du Sacré-Cœur, Mlle de Roumanie, Slave d'origine, spirituelle, intelligente, mélange bizarre de bonté et d'insouciance, de piété ardente et de révolte soudaine ; elle est fort intéressante à étudier, et je commence en effet à m'intéresser à cette étude.

Mais celle qui attire nos regards d'une manière irrésistible, c'est la bonne Mlle de Lyon. Nous l'avions bien remarquée déjà sur le navire, comme un prodige de courage malgré son embonpoint. Mais, trop souvent poursuivie par le mal de mer, elle disparaissait dans sa cabine. Ici, elle est ressuscitée ; son entrain, son esprit fin, nous enchantent ; elle a une humeur égale et gaie qui ne la quitte pas un instant. Elle veut traverser la Samarie à cheval. Pauvre cheval ! Rien ne la rebute, rien ne la décourage, c'est une intrépidité qui grandit avec tous les obstacles.

Combien de visages restent encore sans nom! Mais il en est quelques-uns de si remarquables, qu'il est impossible de ne les point distinguer. Je place au premier rang l'originale figure du bon et savant frère Liévin, le guide intrépide de notre caravane à travers la terre sainte. On peut donner ainsi son signalement : robe de franciscain, magnifique barbe blanche, regard perçant, petit de taille, belge de naissance, français de cœur, arabe quand il le faut, mais avant tout homme d'une simplicité charmante et d'une science difficile à démonter.

Ensuite, voici le comte de Piellat, l'infatigable pionnier des œuvres catholiques en Palestine. A titre de Français et d'ami des pèlerins, il est venu à notre rencontre à Caïffa, et partout où passera la caravane, il nous rendra les plus grands services.

Voici encore deux figures, deux anges consolateurs en robes de bure et en cornettes, munies de trousses de pharmacie : sœur Joséphine et sœur Marguerite. Que de baumes leurs mains verseront sur nos meurtrissures! que d'élixirs merveilleux rappelleront les blessés à la vie! Leur vue seule (celle des trousses) serait capable de faire trembler les plus braves; en tout cas, tous trois nous ne pâlissons pas, car nous avons l'espoir de ne pas nous laisser désarçonner facilement par nos montures, quelque rétives qu'elles puissent être.

Palais arabe, mardi soir.

Nous avons fait cet après-midi une course charmante sur les pentes rocailleuses du Carmel jusqu'à la fontaine de Saint-Élie et les ruines du couvent de Saint-Brocard.

Afin de nous exercer à nos futures chevauchées, nous choisissons trois chevaux au milieu de l'escouade nombreuse de coursiers plus ou moins fringants qui campent depuis deux jours au sommet du Carmel, en broutant l'herbe maigre. Partout sur notre chemin nous rencontrons des cavernes, des grottes d'anciens ermites et des excavations profondes qui me font penser aux alvéoles d'une ruche d'abeilles. Nous mettons d'abord pied à terre devant la plus célèbre de ces grottes, qu'on appelle l'École des prophètes, parce que c'est là qu'Élie et Élisée formèrent leurs disciples à la vie ascétique. Elle est en grande vénération parmi les musulmans, ils y viennent de très loin pour y jeûner et y prier. Elle contient

Le mont Carmel.

elle-même une excavation qui, selon la tradition, servit d'abri à la sainte famille à son retour d'Égypte. Du reste, la sainte Vierge, toute jeune encore, devait parcourir souvent les pentes du Carmel, car sainte Anne sa mère possédait sur la montagne des troupeaux, des champs et une maison pour ses pasteurs, et sans doute elle venait souvent les visiter avec son auguste fille.

Cette célèbre grotte n'est pas éloignée du monastère; mais la fontaine d'Élie, ainsi que l'ancien couvent de Saint-Brocard, sont situés à quatre ou cinq kilomètres de là dans l'étroite vallée des Martyrs. Cette belle fontaine d'eau vive jaillit sous la main du prophète.

Un miracle charmant eut lieu aussi à cette fontaine, au temps d'un saint moine appelé saint Ange. Un jour, le supérieur du couvent ayant envoyé Ange avec son frère Jean pour couper du bois dans la montagne, ce dernier, en passant à côté du réservoir où se déversent les eaux, y laissa tomber sa cognée. Après de vains efforts pour la retrouver avec la main, Ange prit le manche de la hache et le jeta dans le bassin. Aussitôt la hache vint rejoindre le manche. Heureux saint qui peut avec tant de succès jeter le manche après la cognée!

Notre retour fut accidenté d'un temps de galop imprévu. Ces petits chevaux arabes, dès qu'ils entendent galoper derrière eux, prennent facilement le mors aux dents; le vent n'est pas plus léger. Soudain un cavalier passe rapide comme une flèche à côté de nous : mon cheval part sans crier gare; celui de Maurice, excité par la vue du mien, s'envole à son tour, et nous voilà tous deux filant comme l'éclair au milieu des pierrailles qui se brisent sous les sabots de nos chevaux. Encore un peu, ils ressembleraient au cheval de Mazeppa,

Qui fume et fait jaillir le feu de ses narines,
Et le feu de ses pieds. . . . .

J'ai cru que cette course folle allait se terminer par une chute fatale; mais pas du tout, nos braves coursiers s'arrêtent tout net en arrivant près de quelques-uns de leurs compagnons qu'ils ont rattrapés, sans avoir perdu leurs cavaliers en route. C'est un prélude de nos équipées futures.

Ce soir nous avons eu des inquiétudes sérieuses au sujet de Mlle de Lyon. Sa place était vide à table : l'angoisse nous saisit tous; vite le P. Bailly dépêche à sa recherche un jeune frère de la maison de Jérusalem, alerte et intrépide, le frère Camille. Il part du côté de la vallée des Martyrs, et revient sans l'avoir aperçue. La nuit était tombée, les étoiles seules éclairaient faiblement la terre; tout à coup la portière de la tente se soulève, Mlle de Lyon paraît, appuyée au bras d'un cavalier improvisé, son sauveur. On l'acclame avec joie; tremblante encore, un peu essoufflée, elle nous raconte en termes pénétrants sa tragique histoire. Montée pour la première fois de sa vie sur un cheval, avec une selle d'homme et des cordes pour étriers, elle s'est trouvée en arrière de la caravane, sans moukre pour l'accompagner dans la gorge sauvage de Saint-Brocard. Elle n'ose avancer ni reculer dans ces précipices effrayants; elle excite sa monture et la retient en même temps. Position lamentable! Elle pousse des appels désespérés, et soudain, au travers des broussailles, elle aperçoit d'horribles sauvages à l'air farouche et armés de lances qui s'approchent. Ce sont des Bédouins! Heureusement un pèlerin attardé entend ses cris; il accourt ramenant un moukre avec lui, et délivre la pauvre amazone effrayée. Soutenue d'un côté par son sauveur, de l'autre par le moukre, elle retrouve tout son courage; le cortège se met en marche péniblement et arrive tant bien que mal au seuil du monastère. Ainsi finit cette aventure.

Nous la croyions guérie de l'idée de traverser la Samarie avec nous.

« Au contraire, dit-elle, maintenant je sais me tenir à cheval, c'est une bonne leçon d'équitation! »

Mercredi matin, 26 avril.

Que tout est beau et calme autour de nous! que l'horizon est vaste! que l'on respire ici la paix et le bonheur! Le Carmel est bien cette montagne tant vantée dans l'Écriture sainte, et comparée à la tête de l'épouse : *Caput tuum ut Carmelus*. Elle l'appelle aussi la montagne de la prière et de l'encens. Élevée à six cents mètres d'altitude, elle est un des plus hauts promontoires de la Syrie et s'allonge en forme de harpe dans la vallée d'Esdrelon, sur une longueur de sept lieues. Elle n'est plus fertile comme jadis, excepté sur ses pentes méridionales, où les oliviers croissent en abondance; mais au nord elle est pierreuse et dénudée. A ses pieds s'étale la magnifique rade de Saint-Jean-d'Acre, festonnée par une ligne de palmiers. On distingue encore les remparts, cent fois rebâtis, de l'antique Ptolémaïs, et, dans le lointain, les cimes glacées du Liban et les débris de vingt cités couchées sur le sable, dans le linceul de la malédiction divine. A l'est, l'œil plonge dans la longue et fertile plaine d'Esdrelon et se repose sur les coteaux de Nazareth. A l'ouest, c'est la Méditerranée qui l'entoure.

Il paraît que cette belle montagne est quelquefois hantée par les hyènes et les serpents. En tout cas, les chacals, les sangliers et les gazelles y font leur demeure, et les perdrix leurs nids. Avec les plantes aromatiques, les moines composent ce cordial si estimé qu'on appelle *eau des Carmes.*

Cette journée commença pour moi par une messe solitaire dans la grotte d'Élie, pendant que les autres pèlerins faisaient autour du monastère la procession de saint Marc. L'air très vif, les transitions de froid et de chaud, assez rares pourtant sous ce climat, m'ont dotée d'un gros rhume; impossible donc de suivre la procession en plein vent. Plus tard, nous avons fait bande à part tous trois, pour nous installer à l'ombre d'un ermitage, près de la chapelle de Sainte-Thérèse, et dessiner en causant. Il fait bon s'isoler parfois et repasser dans son esprit ces grâces qui nous sont données. On préfère chanter son *Magnificat* loin de la foule.

Mercredi soir.

Cet après-midi fut moins agréable que la matinée. Il s'agissait de choisir nos chevaux, importante et laborieuse affaire! Depuis deux jours, tout le matériel de campagne est installé autour du couvent : chevaux, ânes, mulets, moukres et drogmans. Rien n'est plus pittoresque : la mêlée des chevaux harnachés à la mode orientale avec des franges et des pompons de couleur, leurs hennissements, les cris sauvages des femmes arabes vêtues de loques bariolées et venues là-haut pour demander *bakchich* aux Francès, les drogmans à l'allure indépendante et fière, qui commandent le bataillon de moukres, quelques boutiques d'objets arabes, tout cela en plein soleil d'Orient, c'est étrange et charmant.

A deux heures donc, on nous réunit sous la tente pour nous séparer en trois groupes, suivant l'itinéraire choisi :

Nazareth, Tibériade et Samarie. Celui de Samarie, dont nous faisons partie, appelé aussi *groupe des Intrépides*, est composé de cent soixante pèlerins qu'on subdivise en six nouveaux groupes, rangés chacun sous un fanion ou guidon de couleur, et conduits par un drogman et par un chef de groupe élu parmi les pèlerins. Le guidon des femmes est blanc. Le guidon violet est celui de la direction ; il y a encore le vert, le jaune, le bleu et le rouge. Mon frère est adjoint à notre groupe en qualité d'aumônier, ainsi que quelques autres prêtres, et M. Harmel est notre chef laïque.

Notre drogman se nomme Hanna Albina; c'est un bel Arabe à la figure douce et qui paraît très serviable et poli. Le drogman chef de toute la caravane me plaît beaucoup moins, c'est Francis Morcos; grand, maigre, le dos courbé, il a l'air sournois et rusé. Le second drogman chef a tout de suite gagné nos sympathies, c'est Carlo. Grand, très bel homme, aux yeux doux et intelligents, il est aussi complaisant que l'autre l'est peu, et se prête de bonne grâce à toutes les réclamations. Ce drogman, le plus doux des hommes en temps ordinaire, devient terrible quand il se met en colère : d'un soufflet il renverse un moukre et l'étend par terre, ce qui lui arrive de temps en temps. Les autres drogmans sont encore : Aïssa Adad, très vif, intelligent, maigre, la peau huileuse et foncée, vrai type arabe : il est infatigable, ses yeux noirs surveillent tout à la fois; Gabriel Abèche, très causeur, plus Français qu'Arabe, car il voyage beaucoup et doit même revenir en France avec nous. Le drogman est du reste un homme important dans son pays; il est d'abord fort riche et généralement très instruit; c'est lui qui fait l'entreprise des caravanes, se chargeant de tout fournir : logement, nourriture, tentes et chevaux.

Nous avons des moukres aussi; mais c'est le choix des chevaux qui décide de celui des moukres, car le moukre est un simple muletier qui loue trois ou quatre chevaux au drogman. Ce sont de pauvres Arabes, mal vêtus, aux jambes nues et bronzées, mais robustes et musculeux, souples comme des ressorts d'acier.

On essaye de procéder avec ordre au choix de nos coursiers, chose presque impossible, car au bout d'un instant la bagarre est complète; les chevaux arabes ne restent pas alignés comme des soldats de plomb, et l'on est victime de plus d'une mésaventure. Que de cris, que de réclamations! Le cheval qu'on veut choisir n'a point de sangles, un autre point d'étriers. Celui-ci a une écorchure effrayante, vous revenez au premier; mais il est déjà saisi par un autre, et vous restez tristement assis entre deux selles. Je me suis vue dans ce cas, c'est pourquoi je puis en parler sciemment. Partout on entend des moukres crier : *Ahksâne! Ahksâne!* (cheval); on ne sait plus auquel entendre. De guerre lasse, on prend le premier venu, et souvent ce n'est pas un mauvais marché, car les meilleurs ne sont pas toujours les plus beaux.

Le temps s'est un peu couvert, un vent froid qui souffle ne fait qu'augmenter la confusion. Du reste, je m'attends bien demain, à l'heure du départ, à retrouver semblable mêlée. A la grâce de Dieu!

V

DÉPART DU CARMEL POUR NAZARETH

Jeudi, 26 avril.

C'est avec tristesse que nous avons dit adieu à cette chère montagne; volontiers on eût planté sa tente plus longtemps sur ses hauteurs. La cararane est partie en bon ordre, malgré les prévisions d'hier. Le cheval d'Isabelle débute par une glissade dans les rochers; on lui en donne un autre bien calme qui s'endort au pas, mais retrouve une ardeur merveilleuse dans les passages difficiles. Le mien est assez vif et lance des ruades; je m'en aperçois au bout d'un quart d'heure de marche; mais je prends mon parti de cette déplorable habitude en me souvenant de cet axiome : qu'il « vaut mieux donner que recevoir ».

Les moukres trottinent derrière leurs chevaux, toujours prêts à rendre service, moyennant pourboire. Notre moukre, c'est-à-dire celui d'Isabelle et de moi, est un type fort curieux; c'est une manière de sauvage à la peau tannée et tatouée, aux jambes sèches et noires, aux yeux rouges, à la barbe rare. Sa coiffure est un étrange assemblage d'étoffes de toutes couleurs enroulées autour de sa tête. Son accoutrement bizarre le fait ressembler à un vrai Huron. Isabelle l'appelle Bas-de Cuir : son vrai nom est Michel. Son langage est un mélange de français et d'italien estropiés. Sous cette apparence barbare, Michel est un bon diable qui jusqu'à présent a fort soin de nous. Il semble commander à d'autres moukres, entre autres à un jeune nègre du plus beau noir, appelé Mohammed, qui s'occupe de mon cheval et m'esquisse, chaque fois que je lui parle, un magnifique sourire d'Africain qui découvre une rangée de dents blanches à rendre jaloux plus d'un pèlerin.

Chacun suit sa bannière ; nous descendons les pentes rapides et rocheuses du Carmel que nous avions gravies à pied. Je ne sais si nous avons la démarche de Pythagore visitant jadis un temple bâti dans ce lieu, car son historien nous apprend que, quand il en sortit, « on le vit descendre du Carmel, montagne sacrée entre toutes et regardée comme inaccessible au vulgaire, avec une démarche grave et recueillie. Il ne se retournait pas en arrière, et aucun précipice, aucun rocher ne l'arrêtait. » J'avoue que nous n'avons ni la même gravité ni le même recueillement. Comment ne pas tourner la tête, en effet, pour contempler une fois encore ce magnifique sommet, ce beau monastère, témoin de nos premières joies en terre sainte ? Tout le monde n'est pas philosophe comme Pythagore, heureusement. Là-bas, sur la mer bleue, nous apercevons le *Poitou*, qui s'incline doucement sur les vagues. Nous le saluons joyeusement : adieu, adieu, *Poitou!* le plus longtemps possible.

Après avoir traversé Caïffa, nous quittons les bords de la mer pour nous enfoncer dans une grande vallée bordée d'oliviers, de cactus gigantesques, de palmiers et de champs de froment, doux au regard comme un tapis de peluche verte.

Notre caravane se déroule dans la plaine, les étendards au vent ; on essaye quelques temps de galop, et les aptitudes à l'équitation commencent à se dessiner. A midi, nous campons dans un bois délicieux d'oliviers et de chênes verts, où notre déjeuner est servi comme par enchantement

Sur un tapis de Turquie.

En effet, de moelleux tapis sont étendus à terre par le soin des drogmans, et nous déjeunons de fort bon appétit. Devant nous se dresse la belle chaîne du Carmel, aux croupes arrondies. Le frère Liévin nous montre au sommet El-Maharka, où Élie fit tomber le feu du ciel sur les holocaustes, en face des prêtres de Baal confondus. C'est aussi au sommet du Carmel qu'il pria pour faire cesser la grande sécheresse de trois ans, et qu'il vit poindre un petit nuage regardé par l'Église comme l'image de Marie, « la nuée bienfaisante. »

Après deux heures d'un repos salutaire, nous nous remettons en route pour Nazareth, à travers la plaine d'Esdrelon. Cette plaine, si fertile et si belle, est couverte de fleurs charmantes, parmi lesquelles je remarque de superbes coquelicots pourpres qui tachent la prairie comme des gouttes de sang. Les oliviers au feuillage argenté, les grenadiers en fleurs, les palmiers balancés par le vent, embellissent ce paysage enchanteur. Nous commençons à apercevoir les coteaux qui précèdent Narareth, mais nous sommes loin encore de notre but.

Tandis que nous arrivons sur une hauteur, tout à coup j'entends un cri : « Le Thabor! » En effet, dominant toutes les montagnes de son haut sommet arrondi, s'élève le Thabor. Je n'oublierai de ma vie cet instant. Nous contemplons, muets d'émotion, ce lieu vraiment saint où la gloire divine a éclaté dans toute sa majesté.

Depuis cette hauteur il nous faut descendre à pic, nous faisons connaissance avec les chemins en casse-cou. Cette première attaque est un triomphe, personne ne tombe, et pourtant que de craintes, de cris et de glissades! On reprend haleine sur un beau chemin plat; mais plus loin il faut encore gravir une colline et la redescendre par une pente horriblement escarpée. Cette fois il y a quelques chutes; un pauvre prêtre est étendu par terre presque sans connaissance; mais sœur Joséphine lui administre un cordial qui le réconforte; il remonte bientôt à cheval.

Il nous reste une dernière descente, plus raide que les autres; mais Nazareth est au bout, aussi a-t-on grand courage et grande joie. Déjà on entend les cloches de l'église de l'Incarnation, qui sonnent à toute volée pour nous recevoir. La population accourt au-devant de nous et nous salue au passage d'un air empressé et sympathique.

Voici, voici enfin la petite ville blanche, échelonnée sur la colline; elle a un air joyeux et propret qui est rare dans les villes d'Orient. De loin nous apercevons notre camp qui s'étale dans la prairie, au pied de l'église de l'Incarnation; les tentes de toutes couleurs font un effet charmant. Salut, Nazareth, « ville des fleurs; » salut, collines chéries de Notre-Seigneur et de sa Mère. C'est vraiment ici la maison du Seigneur et la porte du ciel !

VI

DEUX JOURS A NAZARETH

Samedi, 28 avril.

Oh! cette arrivée à Nazareth, je ne l'oublierai jamais. A peine descendus de cheval, les jambes encore raidies et chancelantes, nous montons en procession à l'église de l'Annonciation ; notre premier salut est pour le Dieu incarné. Nous entrons dans l'église, simple d'architecture et composée de trois nefs ; la crypte, placée sous le maître-autel, est la vraie grotte où la Vierge Marie conçut le Verbe.

Il est très probable, presque certain, dit le frère Liévin, que la maison de Lorette, détachée de la grotte par les Anges, reçut la visite de l'archange Gabriel, tandis que Marie se trouvait à la place que nous vénérons aujourd'hui. Au fond de cette grotte mille fois précieuse, une plaque de marbre sous l'autel marque le lieu où le Verbe fut conçu : VERBUM CARO HIC FACTUM EST. Des lampes brûlent constamment à cette place auguste. « Voilà, comme l'a écrit Lamartine, le point sacré du globe que Dieu avait choisi de toute éternité pour faire descendre sur la terre sa vérité, sa justice, son amour, incarnés dans un Enfant-Dieu ! » C'est ici même que la Vierge immaculée consentit à ce grand œuvre et reçut en son âme le don divin. C'est ici que Dieu commença à habiter avec nous, tandis que Marie, émue et recueillie, conservait toutes ces choses, dit l'Évangile, et les méditait dans son cœur. On ressent une émotion indicible à regarder et à baiser cette roche bénie qui abrita ce grand mystère, un élan de foi incomparable lorsqu'on répète à haute voix : *Ave, Maria; ave,*

Maria, et qu'on chante l'hymne sacrée : *Ave, maris stella.* Beaucoup de pèlerins sanglotent.

Il était tard quand on quita l'église; on se réunit sous la tente, et le dîner fut gai. Le Père Marie-Jules nous chanta une poésie ravissante, composée à la hâte par lui sur Nazareth ; il entonna les couplets sur l'air de *Gastibelza,* et nous apprit à répéter le refrain. Je ne puis m'empêcher de la transcrire ici, car elle est tout embaumée de ces souvenirs ineffables :

Chers pèlerins, au vrai berceau du monde
Tous réunis,
Sous les regards de la Vierge féconde
Chantons unis.

Refrain : O Nazareth, à bon droit l'on t'appelle
Ville des fleurs,
Mes yeux ravis de te voir aussi belle
Versent des pleurs! (*bis.*)

Ici vivait la très pure Marie,
Mère de Dieu.
Son pied foula cette verte prairie,
Ce même lieu.

Ici la Vierge connut le mystère;
Son chaste sein
Reçut le Sauveur promis à la terre,
Le trois fois saint.

Ici Jésus, dans les bras de sa Mère,
Son ostensoir,
Bénit ces monts, ces jardins, cette terre,
Fiers de le voir.

Ici Jésus forma sa main docile
Au dur métier.
C'est bien le fils, disait-on dans la ville,
Du charpentier.

O Nazareth, ta face brune est belle !
De tes atours
Nous garderons le souvenir fidèle,
Toujours, toujours !

Nazareth, vendredi 27.

Première nuit sous la tente. Nuit singulière sur nos petits lits de sangles, posés sur l'herbe de la prairie. On dort peu, mais bien. Nous avons loué, Isabelle et moi, une petite tente à deux pour être seules. Ce sera bien agréable pendant toute la traversée de la Samarie. Malgré nos nombreuses couvertures, une humidité pénétrante nous envahit vers minuit :

rien ne peut nous en garantir; cela, joint au hennissement des chevaux, aux cris des moukres qui couchent à la belle étoile et au concert que nous offrent les chacals, auxquels répondent les chiens sauvages, nous réveille de bon matin. C'est égal, on est tout content et fier d'avoir campé sous la tente comme des soldats; cela aguerrit les gens trop délicats. Cette vie a bien son charme; elle nous ramène au temps des patriarches, qui vivaient ainsi, errant de plaine en plaine, poussant devant eux leurs troupeaux.

Dès le matin, un soleil magnifique nous prodigue ses rayons; on se dépêche, car la grand'messe doit être chantée de bonne heure. En sortant du camp, nous sommes assaillis par des enfants qui viennent nous sourire, toucher nos vêtements en nous disant :

« Buon-jor, signor Madame, bakchich, » ou bien : « Signor mon Bère, bakchich ! »

Ils nous appellent indifféremment mon Bère ou Madame, pourvu que le mot *bakchich* trouve sa place. Les uns nous offrent des « orandges », du sucre d'orge, de la « lamonade », comme ils disent. Les grands s'en mêlent et nous proposent d'échanger des pièces de monnaie pour de l'argent français, qu'ils préfèrent à l'argent arabe.

Les femmes sont vêtues de grandes tuniques rayées de différentes couleurs, retenues à la taille par une ceinture, mais souvent entr'ouvertes avec négligence. Elles ne sont pas belles, bien qu'elles s'imaginent toutes être cousines de la sainte Vierge ; elles portent, dit-on, sur leur poitrine le premier évangile de saint Jean : *In principio erat Verbum.*

Un tiers de la population est catholique, deux mille sur six mille, et le frère Liévin nous dit que les pèlerinages sont un bienfait pour ces pauvres chrétiens, enserrés par les musulmans; ils réveillent leur foi et les réjouissent en les édifiant.

La grand'messe est célébrée solennellement dans l'église de l'Annonciation ; les Arabes catholiques y assistent, et les femmes, enveloppées dans un grand voile de calicot blanc, sont assises par terre. La tenue de tous est très respectueuse.

A cette parole de l'Évangile : *Et Verbum caro factum est,* nous baisons la terre avec la plus vive émotion. Encore une adoration à la grotte, encore une prière, et nous sortons.

Je rencontre sur le seuil l'Anglaise tout en larmes; elle ne semble pas nous reconnaître. Impossible d'en tirer une parole. Pauvre Anglaise, quelle rigidité! quel spleen ou quelle folie!

Cet après-midi, visite aux lieux célèbres de Nazareth. Notre procession défile dans les rues étroites, mal pavées, sous les yeux des chrétiens et des musulmans assemblés pour nous voir. Nos regards, en passant, plongent dans des intérieurs bizarres et rencontrent des visages bronzés, souriants et surtout émerveillés du chant de nos cantiques. Nous visitons tous les sanctuaires: l'atelier de saint Joseph, changé en chapelle; la *mensa Christi*, table de pierre, où Jésus ressuscité mangea avec ses disciples; l'église maronite, l'ancienne synagogue d'où les Juifs chassèrent le Sauveur; la fontaine de la Vierge:

Auprès de Nazareth, au bord de la piscine,
La Vierge vint laver les langes de Jésus...

(REBOUL.)

Nous y trouvons beaucoup de femmes portant sur leur tête des urnes de forme antique, en terre poreuse, et qui nous regardent avec curiosité tandis que nous puisons à cette source bénie. Nous allons encore à Notre-Dame-de-l'Effroi, petite chapelle bâtie sur une colline, au lieu où la Mère de Jésus, apprenant qu'on voulait précipiter son Fils du sommet d'une montagne escarpée, accourut dans la plus vive angoisse et tomba inanimée dans l'excès de sa douleur.

Elle dut le voir depuis là, poursuivi par les Juifs; mais « Jésus, dit l'Évangile, passant au milieu d'eux, s'en alla ». Quel calme et quelle puissance! Dieu passe sans effort au milieu des colères humaines.

Nazareth, samedi 23.

L'heure de quitter Nazareth a déjà sonné; heureusement nous y reviendrons au retour de Tibériade. Je veux, avant de partir, raconter notre belle soirée d'hier. Tandis que nous dînions sous la tente et qu'un petit Arabe nous récitait en bon français un discours de bienvenue, on entendit au dehors des cris et des hourras. Chacun se précipite hors de la tente, et nous nous trouvons en face d'une illumination splendide; l'église semble être en feu, des gerbes de lumière s'élancent dans les airs, des lampions courent tout le long des corniches; les bons Pères Franciscains nous ont préparé cette ovation.

Ce n'est qu'un cri d'admiration ; nous poussons des vivats : « Vive Marie ! vive Nazareth ! vive la France ! vivent les Pères Franciscains ! »

Nous partons en masse compacte en chantant à travers les rues l'*Ave, maris stella*. Arrivés sur la plate-forme, nous lançons à tous les échos de nouveaux vivats, et nous chantons nos cantiques si patriotiques et si entraînants jusqu'à l'extinction de la dernière lumière.

Caravanes de nomades.

Ce matin, nous avons fait nos adieux à Nazareth, aux pèlerins qui ne doivent pas aller à Tibériade, en particulier à Flavie et à son père. Nous montons à cheval ; mais ce n'est point une petite affaire d'être prête à l'heure dite, surtout quand il faut tout chercher soi-même : bissacs, cheval, selle et moukres ; aussi entend-on des appels désespérés ;

« Michel, Michel ! où est ma selle ?

— Michel, le cheval n'a pas de brides.

— Michel, faites-moi monter.

— Michel, Michel, venez donc ! »

Mais lui, occupé à sangler une selle, sans se trémousser le moins du monde, répond :

« Attenndez, Madâme, attenndez ! »

Je m'aperçois d'une chose, c'est que Mohammed ne sait absolument dire que deux mots : « Oui, Madame ! » Mais il leur donne une expression très variée. Ce matin je lui dis :

« Mohammed, ramasse ma cravache qui est tombée.

— Oui, oui, Madame, » répond-il.

C'est fort bien, mais j'ajoute :

« Mohammed, tu n'as pas sanglé ma selle !

— Oui, oui, oui, Madame, dit-il en riant, sans faire un geste.

— Mohammed n'aura pas bakchich.

— Oui, oui, oui, Madame, pas bakchich ! oui, oui, oui, » et il tend sa main.

« Pas maintenant, Mohammed, à Jérusalem.

— A Auréchalem, oui, oui, oui, Madame, » et il vient serrer ma sangle d'un air satisfait.

A six heures, on est prêt. En route pour le Thabor !

VII

LE THABOR. — ARRIVÉE A TIBÉRIADE

Au Thabor, samedi 28 avril.

Le groupe des femmes est le premier, premières à la peine, mais premières à l'honneur. L'intrépide Mlle de Lyon est presque en tête. Je vois trottiner l'Anglaise avec un mince bagage et son Bædeker rouge attachés à sa selle.

Les chemins deviennent rocailleux et fort glissants. Le cheval d'Isabelle butte souvent, le mien s'aplatit des quatre pieds dans une crevasse de rochers; mais nous nous relevons l'un portant l'autre, sans le moindre mal. Le Thabor se dresse devant nous et semble grandir à chaque pas. Nous sommes en vue de Dabourieh, où Notre-Seigneur laissa ses autres apôtres, qui essayèrent vainement de délivrer un enfant possédé d'un démon muet. Quand Jésus revint, il leur dit :

« Ce genre de démon ne peut se chasser que par le jeûne et la prière. »

L'ascension du Thabor commence par des sentiers inaccessibles à d'autres qu'au cheval arabe. Ses jarrets d'acier ont un ressort inattendu; il monte d'un bond sur les roches, y tient à peine son fin sabot, glisse, se cramponne, s'élance de nouveau et vous emporte avec lui. Mais il faut se tenir à la crinière de sa monture, car on risquerait fort de glisser sur la croupe : une dame, ayant négligé cette précaution, vient de rouler par terre. Quel coup de collier il faut donner pour arriver au faîte! Quelles escalades sans nom! Ah! si en France les nôtres nous voyaient en ce moment, ils n'auraient qu'une voix pour crier miséricorde! Et cependant nous voilà arrivés; une douce Providence veille sur nous.

Mlle de Roumanie arrive avec moi deux minutes avant les autres, en même temps que le frère Liévin. Isabelle nous suit de près; mais Maurice, qui veille en bon pasteur sur son troupeau, est à l'arrière-garde des *blancs*. Nous passons sous une antique porte, Bab-el-Kaoua (la porte du Vent), débris des anciennes constructions des croisés. Voilà d'un côté le couvent grec schismatique; de l'autre, celui des Pères Franciscains; mais le frère Liévin, que nous suivons, s'en va tout droit au milieu d'un amas de ruines, près d'une petite croix en pierre élevée à ciel ouvert. C'est là que Notre-Seigneur se transfigura. Les ruines qui entourent ce lieu glorieux sont celles d'une ancienne église : on y voit les restes de deux chapelles, l'une dédiée à Moïse, l'autre à Élie. Peu à peu nous nous groupons autour de cette croix rustique, recueillis, émus; nous écoutons la messe dite sur cet autel et la lecture de l'Évangile, qui revêt ici même un caractère saisissant. Il me semble voir le ciel s'ouvrir, entendre la voix divine. Mais le ciel est fermé, la voix est muette. Jésus, qui sait bien que nous n'avons pas besoin de voir pour croire, nous laisse chercher ses traces sur la terre et nous réserve pour le ciel les gloires de sa Transfiguration.

Après la messe, le frère Liévin escalade quelques rochers : tout le monde le suit. Une vue splendide se déroule à nos yeux.

« Voilà au nord, Messieurs, nous dit-il, le grand Hermon couvert de neige. Cette montagne que vous voyez en avant est le mont des Béatitudes, qui dresse sa pointe déchirée au-dessus du lac de Génésareth, où nous serons ce soir. A l'ouest, le Carmel nous dérobe la vue de la mer; au sud, vous voyez le petit Hermon et la plaine de Jezraël, où Débora défit les Philistins, puis les monts de Gelboé; à l'est, les montagnes de Moab et la plaine du Jourdain, qui s'étend jusqu'au Liban. »

Nous regardons ravis; est-il possible, en effet, de voir un panorama plus splendide?

Le sommet du Thabor est couvert de broussailles et d'arbustes. Je remarque parmi eux le chêne vert et l'abghar, dont les noyaux bruns et ronds servent à faire des chapelets.

Vers Tibériade, cinq heures.

Après une légère réfection chez les Pères Franciscains, on donne le signal du départ; l'étape sera longue, nous n'arriverons à Tibériade qu'à sept heures. Chacun prend sa monture par la bride pour descendre les pentes escarpées du Thabor, dont la hauteur est de quatre cents mètres au-dessus de la mer. Ce n'est qu'au bas de la montagne que nous remontons à cheval. Le pays, qui est très plat, et la plaine immense nous permettent de prendre souvent le plaisir du galop. Toujours à l'avant-garde des amazones, on est sûr de rencontrer la vaillante Mme de Vansay et Mlle Lapierre. Je les suis de près avec Mlle Harmel, galopant de concert. Quant à Isabelle, elle s'en va se balançant, ondulant au gré de sa pacifique monture, sans presser le pas. Je la reconnais de loin à sa robe toute blanche et à son allure paisible.

Ce pays que nous traversons est bien curieux : il est parsemé de tentes de Bédouins, lesquelles font des taches très sombres sur le vert de la prairie. Ces tentes sont des lambeaux d'étoffes noires et déguenillées, sous lesquelles grouillent enfants nus, femmes à peine vêtues, hommes au visage farouche, et souvent des chameaux et des chevaux de race, que possèdent ces grands seigneurs du désert. Tantôt ce sont de petits villages composés de huttes sauvages faites de fiente de chameau pétrie avec de la boue, sans autre ouverture qu'un trou qui sert de passage à la fois aux gens et à la fumée. Ces huttes, arrondies au sommet, bâties à la manière des taupes, ressemblent de loin à une agglomération de ruches posées sur terre. Debout devant ces huttes ou errants sur les montagnes, les Bédouins, armés de longs fusils ou de lances de quinze pieds de longueur, nous regardent passer d'un air sombre et parfois menaçant. Le Bédouin est le véritable Arabe, fils de la race d'Ismaël. Type farouche de l'indépendance nomade, il a sa tribu, sa tente, son cheval, et ne connaît guère d'autre loi que la force. Le visage noir, coiffé d'un turban, vêtu d'une simple chemise courte et souvent d'un manteau rayé en poil de chameau, il mène sa vie de brigandage, à peine soumis à la volonté du chef de tribu.

Plus loin, dans la plaine, de grands troupeaux de chèvres noires, aux oreilles larges et pendantes, broutent l'herbe de la prairie; des champs de froment s'alignent à perte de vue, et parfois des Arabes, montés sur leurs chevaux ardents, les traversent au galop, traçant un sillon dans les épis.

Notre caravane se déroule en serpent tout le long des collines; la plaine est finie, nous montons souvent et descendons plus encore, puisque Tibériade est située à cent cinquante mètres au-dessus de la mer. Parfois notre marche est entravée par le cortège innombrable des ânes et des mulets, chargés de nos bagages, qui s'obstinent à passer devant nous. On a beau crier : « Haro sur le baudet! » rien n'y fait; ils vous emportent les jambes avec la charge de matelas ou de paniers qui débordent de toutes parts. Souvent un moukre, grimpé sur cet édifice, s'en va trottinant, le corps immobile et chantant d'un ton nasillard, sans s'occuper des avaries; au contraire, il excite sa monture par des cris gutturaux : *Han! Dieh!* Aussitôt elle file, renversant tous les obstacles, mettant le désarroi partout.

Tibériade, neuf heures du soir.

Vers sept heures nous arrivons sur la hauteur qui domine Tibériade. Quel coup d'œil magnifique et quel aspect grandiose! Le soleil envoie ses feux mourants, rouges comme une braise; ils tracent un sillon de pourpre sur les eaux bleues du lac. Les montagnes qui l'entourent baignent dans cette atmosphère chaude et lumineuse, et reçoivent des reflets de prisme de l'astre éblouissant. A nos pieds s'étale la nappe liquide de cette mer de Galilée, tant de fois sillonnée par la barque de Jésus, puis la petite ville de Tibériade, qui se baigne dans les flots.

Encore une descente périlleuse, et l'on est arrivé. Aussitôt une procession s'organise vers l'église bâtie au lieu même où le Sauveur dit à Pierre :

« Pierre, m'aimes-tu? »

Qui ne voudrait répondre comme l'apôtre :

« Oh! oui, Seigneur, je vous aime! »

Beaucoup de fatigués ne vont pas jusqu'à l'église; après cette rude journée de douze heures de marche, le besoin de repos se fait impérieux. C'est avec délices que nous nous jetons sur nos petits lits de camp, plus doux et plus agréables en ce moment que le lit de fleurs de cet empereur romain que le pli d'une feuille de rose empêchait de dormir. Ah! certes, douze heures de marche en plein soleil d'Orient, dans les arides sentiers de la Galilée, l'eussent rendu moins délicat.

VIII

DEUX JOURS A TIBÉRIADE

Dimanche matin, 29 avril.

Cette nuit, un vent terrible a failli emporter notre tente; la pluie tombait à torrents. La pluie est triste partout, mais surtout en voyage. Impossible ce matin d'admirer le beau lac et de visiter Capharnaüm, bien que beaucoup d'intrépides aient affronté les averses pour s'y rendre en barque. C'est en barbotant que nous sommes allés à l'église ce matin; je n'ai rien vu d'aussi sale que Tibériade. De loin, il est vrai, la ville a un aspect très pittoresque, avec ses minarets blancs, ses antiques fortifications, ses ruines sur la hauteur et l'ancien château fort de Tancrède de Hauteville. Mais de près et par la pluie on pourrait presque la comparer à un sépulcre blanchi. Ses ruelles sont infectes : on y laisse tout croupir, jusqu'aux cadavres d'animaux; l'odeur malsaine qui se dégage de ces quartiers nous suffoque en passant. Ce n'est plus qu'un débris de ville tristement assise auprès de ce beau lac de Génésareth. Mais, si l'ancienne civilisation a disparu, les souvenirs évangéliques sont restés en entier gravés sur ses bords; on peut les lire en caractères ineffaçables sur ces rives sacrées, où l'on croit toujours voir osciller là-bas la barque fragile qui portait le Maître du monde.

J'écris assise sous la tente, ou plutôt sous la pluie battante qui la transperce de part en part. Je souhaite bonne chance aux intrépides de Capharnaüm. Les astronomes de ce pays-ci annoncent le beau temps pour cet après-midi, nous préférons attendre que le vent ait tourné. Ainsi font les gens habiles qui épient le moment favorable où revirera la fortune et la girouette de la faveur.

Mon beau soleil d'Orient a bien pâli pour le quart d'heure. Dans un entr'acte de pluie, il nous montre son œil terne, blafard, tel qu'on le voit fréquemment au mois de novembre dans les Vosges. Cet œil de cyclope me glace, m'épouvante; je frissonne en pensant à cet autre œil sinistre que Caïn voyait partout, même au travers des murs les plus épais. On ne pense pas à ces choses-là en France; mais en Orient, où le roi devrait se montrer toujours paré de ses plus riches atours, comme Salomon, il ne lui sied pas de prendre ses airs de pôle et de soleil de minuit.

Détournant les yeux de ce lugubre spectacle, j'ouvre mes guides pour étudier Tibériade, tout comme je pourrais le faire dans mon pays, près de ma cheminée, les pieds sur les chenêts.

Il paraît donc que Tibériade fut bâtie l'an 17 de notre ère, par Hérode Antipas, qui lui donna ce nom par flatterie pour son auguste protecteur Tibère. Ce n'est qu'après la destruction de Jérusalem qu'on la fortifia et qu'elle devint ville de refuge pour les Juifs exilés; ils y sont, du reste, très nombreux encore, et nous avons déjà rencontré cent fois dans les rues le type juif bien caractérisé : sur six mille habitants, on compte cinq mille deux cents israélites, et jusqu'à dix synagogues. En 1099, Tancrède érigea la Galilée en principauté et fit de Tibériade sa capitale; mais la funeste bataille de Hattin obligea les croisés à la rendre aux musulmans. Cette malheureuse cité fut presque ruinée par un tremblement de terre en 1837; les remparts en furent démolis, les murailles lézardées ou écroulées, en sorte qu'elle est devenue accessible de tous côtés. L'ancienne enceinte, construite en blocs de basalte et flanquée de tours circulaires, est battue d'un côté par les vagues du lac, et de l'autre elle tombe en ruines.

Le nom primitif du lac est mer de Cénéreth. Au commencement de notre ère, il fut appelé mer de Génésareth ou mer de Galilée. Ce lac doit son origine à un cratère; la forme ovale qu'il affecte, les eaux thermales qui coulent sur ses rives, les blocs de rochers volcaniques et les secousses de tremblements de terre qu'on y ressent parfois, en sont des indices certains. Sur ce lac, un des plus beaux de notre hémisphère, on voit s'ébattre une quantité d'oiseaux aquatiques : canards sauvages, grèbes, cygnes et pélicans; sa longueur est d'environ cinq lieues, et sa largeur de deux et demie seulement. Le Talmud dit : « S'il y a un paradis sur la terre, c'est Génésareth. »

Mon récit vient d'être brusquement interrompu par l'arrivée des Arabes porteurs de notre vaisselle ; ils alignent les assiettes de fer-blanc sur les tables, car il va être midi. On doit nous accommoder un mets sans doute succulent : des poissons semblables à celui que pêcha saint Pierre sur l'ordre de Jésus et qui portait dans sa mâchoire quelques pièces de monnaie. Si par hasard ses nombreux descendants possédaient en leur bouche ce droit de péage, j'affirme qu'ils ne le garderaient pas longtemps en passant entre les mains de nos marmitons.

Sur le lac de Tibériade, deux heures.

Les noirs nuages sont déchirés, le soleil reparaît plus éclatant que jamais; les vapeurs, vivement pompées, s'élèvent de la terre comme d'une chaudière, mais elles s'évanouissent bientôt sous les puissants rayons de l'astre du jour, et l'atmosphère reprend sa limpidité.

J'écris dans une barque qui fait voile vers Capharnaüm. Toutes les embarcations étaient déjà louées depuis le matin, et nous risquions fort de n'en point trouver. Heureusement Isabelle et moi en avisons une qui était encore amarrée au rivage. Grâce à un habile stratagème ou plutôt à la complaisance d'un aimable abbé, qui en est le gardien, nous pénétrons dans la barque en attendant l'arrivée de ses compagnons. Mon frère nous regarde depuis la berge, car il n'y a pas place pour tous; mais il se consolera, nous dit-il, en faisant une promenade à cheval autour du lac.

Les amis du charitable abbé Poirier arrivent au nombre de cinq : trois prêtres et deux dames, qu'Isabelle reconnaît tout de suite : Mme M*** et Mlle Leuridan. Les nouveaux venus paraissent très contrariés de nous voir installées dans leur embarcation, surtout un grand abbé, qui nous lance à la dérobée quelques regards furibonds. Je devine dans tout cela un sextuor d'amis qu'il ne faut pas troubler, et nous sommes là comme deux fausses notes. Tant pis, on ne va pas tous les jours à Capharnaüm ni sur le lac de Tibériade!

Voyant la situation très tendue, Mme M*** se tourne aimablement vers nous et nous adresse la parole : une conversation agréable s'engage avec elle; je suis enchantée de faire sa connaissance, car je sens combien cette nature doit être fine et distinguée. Sous le vernis de la femme du monde, il y a une vraie perle cachée. Elle est à la fois sereine et enjouée, affectueuse et réservée; jeune encore et déjà veuve, elle me fait penser à ces douces violettes dont parle saint Jérôme et qui embaument les jardins de l'Église.

Sa compagne, Mlle Leuridan, nous dévoile bientôt les heureuses qualités d'intelligence et de cœur dont elle est douée. Son instruction paraît fort soignée, et je sais qu'elle parle le latin couramment.

Bientôt l'orage qui menaçait est calmé, les visages se détendent, même et surtout celui de M. l'abbé Marie-Paul Brandel; la gaieté revient, on subit la douce influence du passage de Notre-Seigneur sur les flots que nous sillonnons, la conversation devient générale, animée, pieuse; chacun se laisse emporter par de saintes émotions. Nous sommes douze, justement tout comme les apôtres, en comptant nos trois rameurs et un bel Arabe, assis gravement au gouvernail. Nous filons tout droit vers Capharnaüm, laissant à gauche Magdala, où s'écoula l'orageuse jeunesse de celle qui aima tant Jésus, et Bethsaïda, patrie de Pierre et d'André.

Capharnaüm, trois heures.

Voici Capharnaüm, tout en ruines; Capharnaüm l'ingrate, que Notre-Seigneur combla de ses bienfaits, et sur laquelle il prononça cette plainte amère :

« Et toi, Capharnaüm, est-ce que tu t'élèveras jusqu'au ciel? Tu descendras jusqu'aux enfers, parce que si dans Sodome avaient été faits les miracles qui ont été faits au milieu de toi, elle subsisterait encore. »

Les ruines s'étendent sur un espace considérable; elles sont entremêlées de ronces et de chardons, qui cachent les débris de monuments romains et d'églises chrétiennes et envahissent tout. Le frère Liévin dit pittoresquement :

« Ces chardons sont aussi grands que moi à cheval. »

Mais du moins les rivages qui bordent le lac sont fleuris et ravissants, tout couverts de lauriers en fleurs qui se reflètent dans l'eau avec des miroitements rosés. Voilà tout ce qui reste de cette importante cité : pierres sur pierres, ruines sur ruines. La prédiction du Sauveur est accomplie.

Fontaine de Cana.

Les Bédouins y ont élevé quelques pauvres cabanes pour leur servir d'abri; nous en voyons passer quelques-uns près de nous, armés de leurs grandes lances.

Nous ne pouvons détacher nos yeux de ce paysage si beau : le lac argenté, aux petites vagues frémissantes, s'allonge à perte de vue entre les rives bordées de lauriers-roses, de palmiers et d'arbustes verdoyants. A l'est, les collines rougeâtres et dorées ferment l'horizon; derrière elles s'étend la terre de Basan, jadis habitée par les géants. A l'ouest, des montagnes percées de cavernes, sombre refuge de Bédouins, et quelques petites villes assises sur des languettes de terre, comme une flottille de maisons. Rien n'est plus pittoresque que ce paysage, comparé par Lamartine à la route qui longe le Vésuve de Castellamare à Portici.

En barque, huit heures.

Notre petite barque vole sur les flots avec sa blanche voile au vent : elle a la forme antique et recourbée des barques d'autrefois. La tradition a gardé religieusement le type de celle des apôtres. Nous passons peut-être à l'endroit où Jésus calma la tempête, où il appela saint Pierre à lui et en fit un pêcheur d'hommes. Il semble qu'on voit flotter cette forme divine, et le cœur bat plus vite.

Comme c'est dimanche aujourd'hui, deux de ces messieurs entonnent les vêpres, tandis que les deux autres répondent; puis Mme M***, de sa voix harmonieuse, nous chante de ravissants cantiques. Parfois nos Arabes nous montrent le ciel en disant d'un air inspiré : « Allah! »

Mais tout à coup, d'un ton de voix bien différent, l'un d'eux s'écrie : « Bédouin! » en nous montrant la rive. En effet, à deux cents mètres de nous courent quelques Bédouins. Ils nous semblent animés de quelque perfide dessein, car l'un d'eux saisit sa fronde et nous lance des pierres. Mais nous nous rions de lui, les projectiles ne nous atteignent pas, et M. l'abbé Marie-Paul riposte par un coup de pistolet tiré en l'air, qui excite encore davantage la fureur de ces sauvages. Par prudence nous prenons le large, il ne ferait pas bon tomber entre leurs griffes.

Sous la tente, dix heures du soir.

Le soleil disparaît à l'horizon quand nous abordons à Tibériade. Après le repas sous la tente, nous gagnons nos petites couchettes, avec le souvenir délicieux de cette promenade et celui des nouveaux amis qui ont acquis si vite notre sympathie. « Les amis, disait Mme Swetchine, sont des parents choisis par le cœur. »

Aujourd'hui ils sont choisis par le sort; mais peut-être que le cœur s'en mêlera bientôt.

Lundi, 30 avril.

De bonne heure on sonne le boute-selle, nous voilà à cheval, chacun est prêt à partir. Mais le départ est différé. Pourquoi ne donne-t-on pas le signal? Qu'est-il donc arrivé? On nous dit que la pauvre Anglaise a disparu pendant la nuit, et n'a pas reparu au camp. On cherche partout, dans la plus vive anxiété: rien! Il faut cependant que la caravane parte, sous peine de compromettre la journée entière. Le Père Bailly laisse un détachement complet, sous les ordres d'un drogman, pour fouiller le pays. Quelle idée bizarre aura passé par la tête de cette pauvre folle? Pourvu qu'elle ne se soit pas aventurée seule dans ces repaires de Bédouins!

Nous partons pourtant, en suivant un chemin pierreux, encombré de blocs de basalte, qui nous conduit en peu de temps au champ de la Multiplication des pains. Cinq mille hommes affamés trouvèrent ici une nourriture miraculeuse dans cinq pains d'orge et deux poissons. Le Maître semblait préluder par ce prodige aux mystères eucharistiques, où bientôt il se donnera lui-même en nourriture. En souvenir de cette scène, nous cueillons quelques épis.

Un peu plus loin se dresse le mont des Béatitudes, sur lequel Jésus-Christ fit entendre au monde étonné le code de la perfection nouvelle. Le sommet en est couvert de rochers très escarpés, qui forment de chaque côté du plateau deux éminences appelées cornes du Hattin, et d'où l'on découvre d'énormes crevasses remplies d'ossements de chrétiens massacrés au temps des croisades. Toute la caravane n'a pu monter là-haut, à cause de la difficulté de l'ascension; une dizaine seulement se sont détachés sous la conduite du frère Liévin. Maurice était du nombre.

Au pied de la montagne s'étend la fameuse plaine de Hattin, où les croisés perdirent en une sanglante bataille le royaume de Jérusalem.

Non loin du village de Loubieh, nous passons dans le champ des Épis, ainsi nommé parce que les disciples du Sauveur, pressés par la faim, y accueillirent quelques épis. Nous-mêmes, pressés comme eux par la faim, nous nous installons à l'ombre de beaux oliviers, mais pour prendre un repas plus substantiel que le leur.

Après une courte étape, Cana paraît à nos yeux; les Pères Franciscains du couvent établi là nous recueillent joyeusement et nous font goûter un excellent vin blanc en souvenir du miracle des noces. La chapelle est bâtie sur l'emplacement de la maison de Simon, chez qui Notre-Seigneur changea l'eau en vin.

La population de Cana paraît assez sauvage: les femmes portent leurs enfants sur le dos à la manière des Esquimaux. Quand nous circulons dans le village, elles se rassemblent pour nous regarder curieusement en riant; quelques-unes viennent toucher nos vêtements, tirer un pan de nos robes, passer leurs mains sur nos chapeaux avec une farouche admiration. Et pourtant, sous leurs haillons bariolés, elles ont un aspect bien plus pittoresque que le nôtre.

Les habitants vivent enfouis dans des tanières d'où il ne sort que de la fumée, et des marmots. Les jeunes Cananéens sont des êtres tout noirs, sales et presque nus, courant partout, criant, se roulant dans la poussière, mais se relevant toujours à temps pour crier: *Bakchich!* On ne saurait croire le nombre d'enfants qui encombrent ces pauvres villages arabes. Ils sont presque aussi nombreux que les cailloux de la route.

La fontaine où fut puisée l'eau du miracle est à cinq minutes de Cana, au bas de la colline.

Plus loin, nous passons près de la belle fontaine du Cresson, célèbre par le souvenir d'une sanglante défaite des croisés.

Notre rentrée à Nazareth a lieu vers six heures du soir, au son des cloches, qui lancent à tous les échos de la vallée leurs voix argentines. Encore une prière à l'église de l'Incarnation, encore un cantique en l'honneur de Marie, un dernier adieu empreint de tristesse, et c'est fini! Demain matin nous quitterons cette douce patrie de la sainte Vierge.

IX

EN SAMARIE. — CAMPEMENT DE DJENNIN

Mardi, 1er mai.

Avant l'aube, la trompe de M. de Piellat nous réveille en sursaut; il faut se dépêcher, car les moukres sans pitié vous enlèvent vos tentes et vous obligent à achever votre toilette en plein air. Vite, vite, endossons nos robes mouillées par l'humidité de la nuit, bouclons nos sacoches, plions nos draps dans un sac que nous retrouverons le soir (précaution fort utile pour ne pas se trouver dans de mauvais draps); une dernière courroie, une dernière agrafe, et nous voilà prêts à monter à cheval. Mais où sont nos chevaux?

« Michel! Mohammed! mon cheval?

— Attenndez, attenndez! oui, oui, oui, Madâme! »

Les voici enfin, mais ils n'ont pas nos selles sur le dos. On court à droite et à gauche, tenant par la bride sa cavale; on perd sa cravache, un moukre vous la ramasse en criant: *Bakchich!* on maugrée entre ses dents, mais on retrouve enfin sa selle au moment où une bonne pèlerine, la trouvant commode, va monter dessus.

« Vite, Mohammed, prends ma selle.

— Allons, Michel, fais-moi monter. »

Chacun s'agite et chacun crie; c'est pour le coup la vraie fièvre du départ, qui dégénère en fièvre chaude. Cela dure une demi-heure à peu près, une vraie bourrasque; mais le calme se rétablit soudain, et nous partons. Un dernier chant, un dernier adieu à Nazareth, et l'on commence le chapelet. Déjà on oriente son cœur vers Jérusalem, car nous marchons tout droit vers elle, en belle colonne de cent soixante Samaritains, tous joyeux et pleins d'ardeur.

Après avoir côtoyé le mont de la Précipitation, précipice vraiment effrayant, nous traversons de nouveau la plaine d'Esdrelon, où l'on peut s'accorder de délicieux temps de galop. J'aperçois tout à coup le bon frère Liévin qui chevauche tout seul, par hasard : c'est une bonne fortune; je donne un vigoureux coup de cravache à ma monture et me voilà près de lui. Il est très intéressant de causer avec cet excellent religieux et de le questionner sur une foule de détails. Encyclopédie vivante de la terre sainte, conducteur infatigable des caravanes, malgré ses soixante-cinq ans, partout où il y a une difficulté historique, il est là, prêt à l'éclaircir avec des arguments irréfutables. Devant chaque lieu célèbre on le voit à son poste, debout sur une pierre et commençant invariablement son explication par ces mots :

« Nous voici, Messieurs, sur l'emplacement, etc. »

Et son discours, souvent émaillé de mots d'un français douteux, se termine toujours par ceux-ci :

« Voilà, Messieurs, tout ce que j'avais à vous dire. »

Puis il remonte sur son beau cheval gris-pommelé, tire sa bonne pipe de sa poche, et s'en va en tête de la caravane.

Cette fois il n'est pas en tête, mais au milieu; je lui fais quelques questions. Il me raconte qu'il vit en terre sainte depuis trente ans, que pas un rocher ne lui est inconnu. Quand il lui a fallu écrire son *Guide,* il s'est enfermé dans sa cellule, loin du monde ; tant pis pour les caravanes !

« Un évêque est venu, me dit-il, il était très fâché de voir que je ne me dérangeais pas; j'ai dû l'accompagner; mais aussitôt après je me suis de nouveau enfermé, parce qu'il fallait énormément étudier avant d'écrire mon *Guide.* »

Je lui demande pourquoi cette terre, autrefois appelée la terre promise, est aujourd'hui frappée de stérilité. Il me regarde de ses yeux bleu clair si perçants, et, me montrant un champ de froment épais, d'un beau vert foncé :

« Que voulez-vous de plus fertile que ça ?

— C'est vrai, il est magnifique; mais on n'en rencontre pas souvent de semblables.

— Parce que les habitants ne cultivent pas, ils sont trop indolents; ils ne se donnent pas la peine de retourner la terre; ils sèment simplement, et voilà ce qui pousse.

— Il faut alors que cette terre soit bien bonne ?

— Oui, elle est excessivement fertile, parce que c'est une terre ignée.

— Ah ! il y avait des volcans dans la terre promise?

— Oui, dans la période préhistorique, il y avait beaucoup de volcans dans la Palestine, et c'est pourquoi cette terre est si bonne ; j'y ai vu faire, dans certaines parties, jusqu'à cinq récoltes de pommes de terre par an[1]. Puis ce n'est pas une terre fatiguée, car les Turcs mettent de tels impôts sur les denrées, qu'on ne se donne pas la peine de cultiver. »

Je lui demande encore si l'on est bien sûr que Jésus-Christ ait passé dans les mêmes chemins que nous suivons.

« Oui, dit-il, à peu de chose près ; d'abord parce que l'Évangile nous dit où il allait, ensuite parce qu'il n'existait pas d'autres chemins dans les montagnes.

— Les chemins n'étaient-ils pas mieux entretenus alors qu'aujourd'hui ? N'y avait-il pas de voies romaines ?

— Si, il y en avait, mais pas partout. Celles qui existaient et qui sont détruites, nous les suivrons dans les défilés de la Samarie. »

En parlant de son *Guide*, je lui demandai s'il ajoutait foi aux révélations de sœur Emmerich et s'il s'était servi de son livre.

« Non, dit-il, parce qu'elle commet des erreurs topographiques et qu'elle n'est pas toujours en concordance avec l'Évangile; cependant elle a pu avoir des visions et ne pas toujours se rendre compte des choses qui lui étaient présentées; en tous cas, son livre est bon : il donne de la dévotion. »

Nous passons au milieu de prairies émaillées de fleurs.

« Mon frère, avez-vous étudié aussi la botanique de la Palestine ?

— Hélas ! non, je n'en ai pas eu le temps, et c'est dommage, car il n'y a rien de complet écrit là-dessus.

— Et pourtant la flore doit être riche, en simples surtout ?

— Oh ! oui, il y a beaucoup de plantes médicinales, et ce serait une étude intéressante à faire. »

Tout en causant ainsi, nous traversons un petit fossé à sec, large d'un mètre.

« Voilà le Cison, dit-il.

— Où donc, mon frère ?

[1] En particulier dans l'Ouadi-Eurtase (Jardin fermé de Salomon).

— Nous le passons.

— Ce petit sentier rocailleux, c'est la rivière ?

— Oui, voilà comme sont tous les torrents et toutes les rivières en été ; ils n'ont d'eau que pendant la saison des pluies. »

Nous l'avions déjà traversé près de Caïffa, mais il lui restait un peu d'eau. Voici donc de nouveau cette rivière célèbre, jadis grossie par le sang des guerriers, sur les bords de laquelle Débora chanta son cantique fameux, et qui reçut encore les cadavres des prêtres de Baal, immolés par le peuple. Devant nous se dresse le petit Hermon, avec Naïm campée sur son versant ; derrière lui, c'est Endor, patrie de la pythonisse qui évoqua devant Saül l'âme du prophète Samuel.

Naïm, midi.

Vers onze heures, nous arrivons à Naïm. La messe est dite dans une petite chapelle gardée par un musulman, car il n'y a pas un seul catholique dans ce misérable village. Nous sommes dans le lieu même où Jésus rencontra une pauvre veuve qui pleurait en suivant le cercueil de son fils ; il fut touché de compassion et le rendit à son amour.

On m'a raconté à propos de ce miracle une légende qui pourrait bien être vraie : c'est que le fils de la veuve aimait Marie Madeleine, et que la grande pécheresse, présente au prodige, émue de la bonté du Sauveur, se convertit à lui. Jésus, du même coup, rendit la vie du corps et celle de l'âme : c'est un coup double divin !

Après la messe, on s'assied par terre dans la chapelle, où seulement une fois par an l'office divin est célébré au passage des pèlerins ; les moukres étendent sur le pavé quelques tapis, et le groupe des femmes est invité à prendre son repas à l'hôtellerie du bon Dieu. Le respect du saint lieu est observé strictement.

Notre déjeuner se compose invariablement de viande séchée et d'œufs durs ou crus ; une orange et du café noir complètent ce festin. Parfois on nous sert du poulet bouilli ; mais ce mets recherché est si dur, qu'il ne nous cause qu'un médiocre plaisir. Nos petits chevaux ne dînent pas, certes, aussi bien que nous ; ils se reposent en plein soleil, sans picotin. Parfois ils broutent quelques herbes, non pas les plus fraîches, mais les plus sèches, je l'ai remarqué souvent. Ils sont d'une sobriété héroïque, qui du reste leur réussit parfaitement, puisqu'ils sont si vigoureux et si agiles. Ils ne mangent que la nuit un peu d'orge et surtout de la paille hachée, et justifient admirablement le proverbe : « Cheval de paille, cheval de bataille. »

Après un court repos on se remet en marche; nous gravissons les pentes douces du petit Hermon, cette montagne tant célèbre, que David illustra dans ses psaumes par cet admirable cantique qu'il composa, fuyant la colère du roi Saül : « Comme le cerf altéré soupire après l'eau des fontaines, ainsi mon cœur soupire après vous, ô mon Dieu. Mon âme a soif du Dieu fort, du Dieu vivant. Quand viendrai-je et paraîtrai-je devant la face du Seigneur? De la terre du Jourdain et de l'Hermon, je me suis souvenu de vous, Seigneur, dans la tristesse et l'abattement de mon âme. »

Voici Sunam, patrie de la pauvre veuve qui nourrissait Élisée et dont le fils fut ressuscité par le prophète. Sa maison est restée en grande vénération chez les Arabes. Les habitants, sachant que le frère Liévin passait pour un savant, voulurent le prendre en défaut; ils l'appelèrent un jour et lui montrèrent un vieux réduit souterrain, en lui disant :

« Mon père, vous qui savez tout, que pensez-vous que ce soit? »

Sans hésiter, il répondit :

« C'est la maison de la veuve de Sunam. »

Les Arabes furent dans l'admiration et vouèrent au bon frère un véritable culte. Et, en effet, c'est bien là l'antique habitation de la Sunamite; les preuves abondent pour en démontrer l'authenticité. Cette maison, s'il est permis toutefois de lui donner ce nom, est située dans le fond d'une cour; je viens d'y entrer à cheval par une porte très basse, et je regarde au fond de cet antre. Des gens misérables et déguenillés accourent en me tendant la main et criant :

« Sunamite, *bakchich!* »

Ces malheureux, aux visages affreux, tatoués, aux yeux rouges brûlés du soleil, semblaient sortir des entrailles de la terre. Les femmes surtout excellent à se faire de fantastiques tatouages, qui courent sur leurs joues, enlacent leur nez et festonnent leur menton ; plusieurs même s'enduisent le visage de chaux et se rougissent les ongles avec une plante du pays. Quelle étrange coquetterie !

Zéraïn, deux heures.

A une demi-heure de Sunam, nous faisons halte à Zéraïn, petite bourgade misérable, bâtie sur l'emplacement de l'ancienne Jezraël, où l'impie Jézabel fut dévorée par des chiens. Les débris de cette ville sont situés sur une colline, et il n'en reste que des pans de murs à demi écroulés. Le frère Liévin nous montre la place de la vigne de Naboth, qui osa résister au méchant roi Achab et à sa femme Jézabel. C'est à cause de cette vigne et du meurtre de Naboth qu'Élie s'écria :

« Comme les chiens ont léché le sang de Naboth, ils lécheront aussi ton propre sang, et les chiens dévoreront Jézabel dans les champs de Jezraël. »

En face de nous s'élèvent les monts de Gelboé, qui entendirent les gémissements de David pleurant sur la mort de son ami Jonathas. Je ne résiste pas au désir d'écrire ici cette page magnifique, appelée dans la Bible le *Chant de l'arc :* « O Israël, vois ceux que la mort a frappés sur les hauteurs. Comment les guerriers ont-ils péri sur les montagnes ? Comment les braves sont-ils tombés ? Monts de Gelboé, que la pluie ni la rosée du ciel ne tombent plus sur vous, parce que là est tombé le bouclier des héros, le bouclier de Saül, comme si l'huile sainte ne l'eût pas consacré ! La flèche de Jonathas s'est enivrée du sang des forts et de la graisse des vaillants, elle n'est jamais retournée en arrière. Je pleure sur toi, Jonathas, ô mon frère ! Je t'aimais comme une mère aime son fils unique ! Comment les héros sont-ils tombés ? Comment ont été brisées les armes des guerriers ? »

Au pied de ces montagnes on aperçoit une mare d'eau, anciennement appelée Charroth ; c'est là que Gédéon, sur l'ordre de Dieu, fit boire ses soldats et choisit trois cents guerriers de son armée pour combattre contre les Philistins.

Djennin, soir, 1er mai.

Rangés sur deux lignes pour entrer à Djennin, bannières déployées, au chant des cantiques, nous passons au milieu d'une foule curieuse et hostile de musulmans fanatiques, qui marmottent autour de nous des mots fort peu aimables pour ces « chiens de chrétiens ». Les drogmans nous disent que leurs imprécations sont affreuses, surtout contre les femmes.

Au soleil couchant qui empourpre Djennin, bâti dans un nid de palmiers, on croirait voir un bouquet de fleurs. C'est d'un aspect enchanteur. Notre camp est dressé dans une prairie bordée de nopals et de palmiers ; les tentes blanches se détachent sur le ciel rouge d'une façon merveilleuse.

C'est aujourd'hui le 1er mai. En plein air, nous élevons un autel champêtre à la gloire de Marie. Les premiers arrivés s'en vont dans les champs, fourragent au milieu des fleurs de toute espèce : bientôt chacun s'en mêle, et en un clin d'œil notre autel est orné et devient un vrai reposoir. On chante avec bonheur les cantiques de la sainte Vierge, sous les regards des musulmans étonnés. Il fait bon lancer ce nom béni à tous les vents sur cette terre sanctifiée jadis par le passage de Marie. Ce nom fera peut-être germer un jour dans ce pauvre pays une semence de chrétiens. N'oublions pas que Jésus y fit un grand miracle : il y guérit dix lépreux. C'est un gage de miséricorde.

Djennin, mercredi matin, 2 mai.

Réveil matinal, la trompe de M. de Piellat sonne à quatre heures. Cette nuit a été plus ou moins agitée ; nous avons, il est vrai, des soldats turcs pour garder notre camp contre les fanatiques musulmans, mais ils ne nous préservent pas des hurlements des chiens et des chacals. Partout où nos tentes seront plantées, ces animaux donneront un concert complet en notre honneur. On a les oreilles fort sensibles quand on est étendu sur son petit lit de sangle séparé d'eux par une simple toile à voile. A quatre heures et demie, le Père Bailly dit la messe sur notre petit autel d'hier ; nous communions agenouillés dans l'herbe humide : c'est le viatique du pèlerin. Cette messe, célébrée sous la voûte étoilée, avec les bouquets de palmiers au feuillage tremblant pour décor, nous laissera une impression ineffaçable de grandeur et de recueillement.

X

SÉBASTIEH. — NAPLOUSE

A cheval, 2 mai.

Il est nécessaire de se bien vêtir ce matin : l'air est vif, le temps se couvre. Où est cette chaleur prédite aux pauvres pèlerins ? Allons-nous retrouver ici la neige de France ? Non, mais c'est la pluie, et une vraie pluie torrentielle en vue de Béthulie, cette petite ville célèbre fièrement campée sur une colline qu'elle couronne. Certes, l'époux de Judith, qui mourut d'un coup de soleil, ne l'eût guère attrapé par un temps pareil !

Isabelle et moi faisons triste figure, nos pauvres robes blanches pendent d'une façon lamentable sur le flanc de nos chevaux. Les manteaux blancs des pèlerins sont comme des loques suspendues à leurs épaules ; les chapeaux se rabattent, et des gouttières sans nombre déversent des ruisseaux dans le cou des infortunés. Ceci est un bain salutaire pour les gens du pays, qui ne font pas souvent leur toilette, et c'est une bonne fortune pour rafraîchir nos outres en peau de chèvre, qui renferment la provision d'eau de la caravane et qui ballottent toutes boursouflées sur le dos des mulets.

Les nuages amoncelés se déchirent tout à coup, il en descend un brillant rayon qui nous sèche sur place. Nous saluons avec joie ce beau soleil d'Orient, aux irradiations éblouissantes qui enflamment les yeux comme des piqûres d'aiguille. Aussi les habitants du pays, qui ne font pas usage de lunettes bleues comme nous, ont-ils pour la plupart les yeux rouges, les paupières tuméfiées.

Il nous faut maintenant traverser les montagnes rocailleuses avec des descentes à pic et des chemins devenus très glissants. Près de Koubatieh surtout, nous avons une descente terrible; c'est inconcevable qu'il n'arrive pas d'accidents graves; quelques chutes dans la boue, et c'est tout.

« C'est à croire que nos bons anges tiennent la bride de nos chevaux, » me dit Mlle Harmel en passant près de moi.

Je vois souvent sœur Joséphine circuler d'un bout à l'autre de la caravane; à chaque instant on l'appelle, mais les avaries sont sans gravité; c'est un coup de pied de cheval, une glissade maladroite, quelques égratignures, mais personne de blessé sérieusement. Nous avons avec nous une courageuse dame qui s'est foulé le poignet à Tibériade : elle nous accompagne quand même, installée en cacolet sur le dos d'un mulet; c'est le plus grave accident qui soit arrivé jusqu'alors.

Les moukres circulent partout, trottinant sur les baudets déjà chargés de nos bagages. Ils chantent (les moukres) sur un ton nasillard leurs chansons arabes et se répondent d'un bout à l'autre de la caravane. Peut-être chantent-ils la poésie d'Antar, ce type de l'Arabe errant, à la fois pasteur, guerrier et poète. Les exploits de ce héros et « ses gestes », comme on disait au moyen âge, sont consignés dans un long poème écrit en prose et en vers, récité avec amour par les Arabes, épris de tout ce qui exalte l'imagination, comme jadis en France on redisait avec enthousiasme la *Chanson de Roland*. Peut-être est-ce quelque fragment de ce chant que nos moukres répètent :

« Les années foulent le visage de l'homme comme les pas d'une caravane foulent la poussière. »

Ou bien encore :

« Je parcours les mauvais chemins pendant l'obscurité de la nuit. Je marche à travers le désert, plein de la plus vive ardeur, sans autre compagnon que mon sabre, ne comptant jamais ennemis. Lions, suivez-moi!... vous verrez la terre jonchée de cadavres, servant de pâture aux oiseaux du ciel. »

Nos drogmans galopent à côté de nous sur leurs superbes coursiers; d'autres Arabes et parfois des Bédouins passent et filent comme une flèche à travers champs. Droits et gracieux sur une selle qui vacille, ils s'identifient avec le mouvement de leur cheval et semblent voler, tandis que les franges de toutes couleurs qui pendent à la selle bondissent au vent.

Les chasseurs de notre troupe, au nombre de cinq ou six jeunes gens, s'écartent souvent dans la plaine, attirés par quelque vol de cigognes, de vautours ou d'oies sauvages. Les gazelles, hélas! ne sont pas épargnées; j'ai vu, accrochée à la selle d'un de ces messieurs, une pauvre petite chevrette aux yeux langoureux, la tête penchée et toute sanglante. Les chasseurs sont sans pitié!

Notre défilé est pittoresque au possible; chaque groupe marche derrière son étendard, qui porte écrit en grosses lettres ces trois mots : Pèlerinage de pénitence. Ce titre nous rappelle bien haut que les petites misères et les fatigues du voyage sont à l'ordre du jour. La patience, il faut bien l'avouer, ne l'est pas toujours; elle s'échappe en saillies aussi promptes que l'éclair. J'en ai vu un échantillon aujourd'hui. Ayant dépassé, je le confesse, mon groupe et ma bannière avec quelques-unes de ces dames, nous enfonçons les *bleus,* qui sont en retard. Les voilà qui se retournent mécontents et nous disent d'une voix aigre :

« Vous êtes dans nos rangs, Mesdames.

— Nous le voyons bien, Monsieur.

— Vous devez suivre votre bannière.

— Et vous aussi, Monsieur; voyez la vôtre, elle est à un kilomètre de vous.

— Prenez garde, ajoute-t-on d'un air vexé, j'ai un cheval qui lance des ruades.

— Moi aussi, Monsieur; ne l'approchez pas, je vous prie. »

Les esprits s'échauffent; est-ce que, par hasard, nos fanions de couleur deviendraient des brandons de discorde? Mais non, il suffit de jeter les yeux sur l'inscription magique écrite en lettres rouges : aussitôt la bonne harmonie se rétablit entre pèlerins.

Nous marchons en bon ordre, excepté quelques traînards qui se font remorquer par ces messieurs de l'arrière-garde. Les femmes, en général, marchent fort bien. Je remarque toujours en tête des plus vaillantes amazones Mme de Vanssay et Mlle Lapierre. Quant à Mlle de Lyon, intrépide comme au premier jour, elle ne se laisse guère dépasser. Le frère Liévin, qui jette un coup d'œil de chef d'armée sur nos rangs, passe près de nous.

« Eh bien, mon frère, lui disons-nous, on ne pourra pas dire que les femmes ne sont pas braves!

— Pour moi, répondit-il, je n'ai jamais dit cela, elles sont très vaillantes; j'ai déjà perdu bien des hommes, je n'ai jamais laissé de femmes en route! »

Et pourtant, parmi nous, que de novices dans l'art de l'équitation !

Je voudrais que toutes les femmes françaises pussent nous voir ; celles à qui il manque un brin de volonté, un atome de courage pour entreprendre ce beau pèlerinage, verraient que les dangers et les difficultés s'aplanissent, et que cette vie d'imprévu a bien des charmes !

Samarie, deux heures.

Avant d'arriver à l'antique Samarie, appelée aujourd'hui Sébaste ou Sébastieh, nous passons à Dothaïn, où Joseph fut vendu par ses frères ; puis, dans un champ où se dressent de belles colonnes, restes d'un théâtre bâti par Hérode le Grand. Samarie n'est plus qu'un rassemblement de vieilles cabanes délabrées, habitées par de pauvres gens à l'aspect sauvage. Le frère Liévin monte sur un vieux pan de mur et nous fait en quelques mots l'historique de l'ancienne capitale, jadis rivale de Jérusalem :

« Nous sommes ici, Messieurs, sur l'emplacement de la cité illustre de Samarie, construite par Amri, roi d'Israël. Son fils Achab épousa Jézabel, et éleva dans cette ville un temple à Baal. Le prophète Michée prédit la mort du roi en punition de ce crime, et la prédiction s'accomplit à la lettre. Jéhu, qui s'empara de la ville, fit décapiter les soixante-dix fils d'Achab et brûler la statue de Baal. Plus tard, Salmanazar, roi d'Assyrie, détruisit Samarie de fond en comble et emmena ses habitants captifs à Ninive. C'est pendant ce temps que la sainte Écriture place le touchant épisode de Tobie. Samarie fut reconstruite par Hérode, qui lui donna le nom de Sebastieh en l'honneur d'Auguste. Le Sauveur l'honora plusieurs fois de sa présence, et les Apôtres y combattirent les odieuses impostures de Simon le Magicien. Voilà, Messieurs, tout ce que j'avais à vous dire. »

Après ces explications, chacun se disperse pour prendre quelque repos. Nous allons chercher, Isabelle et moi, sous un figuier gigantesque, un sommeil qui ne vient pas, grâce aux étranges visiteurs qui s'approchent de nous. Ce sont des Samaritains, vrais sauvages vêtus de haillons, et qui nous regardent curieusement en poussant un cri rauque semblable au grognement d'une bête féroce. Ils viennent près de nous, nous tirent la robe, le chapeau, toujours en riant. Nous rions aussi, tout va bien jusque-là ; mais je prends mon crayon et veux dessiner un de ces types d'indigènes. Aussitôt l'homme se fâche, met la main à son sabre recourbé en murmurant des paroles gutturales. Cela se gâte évidemment ; je lui laisse entrevoir un revolver pendu à ma ceinture, qui lui

Berger de Palestine.

donne à penser... mais nous battons prudemment en retraite pour rejoindre la caravane.

Sur la route de Naplouse.

Samarie m'a laissé un souvenir désagréable ; j'y ai fait une perte assez douloureuse, celle de mon porte-monnaie !

Il paraît qu'en tous pays on trouve des pickpockets, c'est un métier universel. Pendant que je visitais avec les autres pèlerins les ruines de l'église Saint-Jean-Baptiste, qui date des croisés, j'abandonnai mon cheval aux mains de mon illustre nègre Mohammed. Mais celui-ci, au lieu de le garder, se prit de querelle avec d'autres moukres et passa son temps à boxer. Quand je revins, ma sacoche avait disparu : elle renfermait une bourse remplie de *bakchich* (pièces de vingt et de cinquante centimes), mon chapelet et différents autres objets.

« Mohammed, dis-je, où est ma sacoche?

— Ah! Madâme, oui, oui, oui! » répondit-il en levant les bras au ciel.

En vérité, je ne pouvais exiger de lui aucune autre explication. Je m'adressai à Michel, puis à Aïssa, le drogman, qui fera fouiller le village, car on a vu des enfants s'enfuir tout à l'heure; mais je n'ai guère d'espoir. Le Père Bailly m'enlève mes dernières illusions en me racontant qu'on lui a volé ici même, il y a quelques années, quinze cents francs qu'on n'a jamais retrouvés.

Aïssa, du reste, vient de nous rejoindre sur la route de Naplouse, les mains vides. Ces braves gens de Samarie vont boire à la santé des Francès! Allons, je me console en pensant à leur plaisir. C'est du reste le parti le plus sage à prendre.

Cette étape est très belle; la route, facile et agréable, serpente entre des collines parsemées d'oliviers et d'admirables cognassiers. Nous entrons dans la riche vallée de Naplouse, qui produit en abondance fruits et légumes; les cours d'eau qui la sillonnent fertilisent le sol et font tourner plusieurs moulins. Qui donc, en France, m'avait dit : « La Samarie est un triste pays, laid et monotone? » Elle me produit l'effet contraire; je lui trouve une très grande ressemblance avec la Provence, de plus une verdure autrement luxuriante, et la Provence ne passe point, que je sache, pour une triste contrée.

Avant d'arriver à Naplouse, on organise sur la route une belle procession sur deux rangs : il s'agit d'imposer aux musulmans fanatiques une salutaire impression. La vallée se resserre entre le mont Garizim à droite et le mont Hébal à gauche ; Naplouse est dans leur giron. Tout en traversant les rues de cette ville de vingt mille âmes, nous chantons à pleine voix nos cantiques. Les Turcs nous regardent passer en causant et riant; plusieurs sont vêtus à la mode européenne, avec le talmouch sur la tête ; les Arabes assis, fumant le narghilé, nous suivent d'un œil grave. Sur les terrasses des maisons, les femmes et les enfants, penchés pour nous voir, font sans doute leurs réflexions tout haut. Maintenant nous descendons dans la vallée, plus étroite encore, enserrée par les deux montagnes qui se touchent presque. C'est là que nos tentes sont dressées. On se laisse naturellement imprégner des senteurs bibliques que ce paysage dégage. En effet, c'est ici l'antique Sichem de Jacob et de Joseph. Que de fois les patriarches dressèrent leurs tentes au pied de ces deux monts ! Ils venaient, les premiers pasteurs, conduits par les anges de Dieu, au travers de ces solitudes que leurs descendants devaient peupler. Ils n'avaient que la promesse du Messie; mais nous, petits-fils de ces illustres patriarches, nous avons reçu le don divin !

Sous la tente. Naplouse, dix heures du soir.

Les deux cents catholiques de Naplouse nous ont envoyé une petite ambassade pour nous recevoir, et un orphéon, composé de cinq ou six musiciens, pour nous donner une sérénade, et en notre honneur et en celui de la France. Il est étonnant de voir combien la France est aimée en Palestine ; facilement elle y reprendrait sa prépondérance. Son nom conserve chez tout ce peuple un prestige merveilleux, fondé sur les grandes œuvres du passé. Elle n'aurait qu'à étendre le bras pour le voir accourir avec joie sous sa domination; celle des Turcs est un esclavage, et les autres puissances qui essayent de s'y implanter ne l'emporteront jamais sur la sympathie acquise à la France.

J'en reviens à mon orphéon; il accompagne nos cantiques en l'honneur de Marie autour de notre autel champêtre, et si parfois l'harmonie est absente, du moins la bonne volonté et le souffle puissant des indigènes ne font pas défaut. Vraiment nos virtuoses ne se lassent pas et veulent encore accompagner notre dîner en musique; nous faisons décidément un repas aux petits canards!... mais nous les savourons avec plaisir en voyant celui qu'ils ont à nous les servir.

Naplouse, jeudi matin, 3 mai.

Nuit assez bonne. Les chacals et les chiens sauvages n'ont pas trop fait leur sabbat. Ce matin, les sommets du Garizim, échancrés sur le ciel clair, frappent nos yeux; ceux de l'Hébal rayonnent déjà des premiers feux du jour, et la journée s'annonce brûlante.

Nous allons visiter le puits de Jacob, sous la conduite du frère Liévin. Le chemin est tout encombré de lépreux, dont les haillons cachent mal la chair hideuse. Quelle misère ! Les mains ne sont plus que des moignons informes, les pieds sont aussi raccornis et déformés; le visage de ces infortunés est couvert d'une moisissure blanchâtre, le nez n'est qu'une plaie horrible, et les yeux ressemblent à deux trous de vrille injectés de sang. Naturellement on fuit le contact de ces malheureux parias. Hélas ! nous ne sommes pas le bon Pasteur, qui les approchait, les guérissait. Ils demandent *bakchich* d'une voix lamentable; nos cœurs sont émus de grande pitié, et tout à l'heure le Père Alfred fera une quête, dont le produit sera porté à la léproserie.

Le Garizim et l'Hébal forment à cet endroit un double hémicycle qu'on croirait taillé exprès dans le roc. C'est là que les douze tribus d'Israël se tenaient divisées en deux camps par Josué. Les lévites qui entouraient l'arche sainte, déposée au milieu, faisaient retentir les airs des bénédictions et des malédictions du Seigneur; le peuple, massé sur l'Hébal et sur le Garizim, répondait: *Amen*. Magnifiques clameurs poussées par ces enfants d'Israël, tour à tour rebelles et tour à tour domptés par ces hommes de fer qu'on appelait Moïse ou Josué; il fallait qu'un grand spectacle impressionnât vivement ce peuple indocile et léger.

Au milieu des champs fertiles de Sichem, à une courte distance de Naplouse, nous trouvons, sous une petite voûte construite par les croisés, l'antique puits de Jacob, qu'on nomme depuis Notre-Seigneur puits de la Samaritaine. La touchante scène racontée dans l'Évangile se retrace à notre esprit. Jésus, assis sur la margelle de ce puits, oublie le poids de la fatigue et la chaleur du jour pour attendre une pauvre brebis qu'il veut sauver; c'est le bon Pasteur qui a soif des âmes. Cette femme, d'abord surprise, écoute attentive les paroles du Maître, qui daigne lui parler à elle, pauvre Samaritaine. Il lui demande à boire et lui dit d'un ton infiniment pénétrant :

« Oh ! si tu connaissais le don de Dieu ! »

Elle, remuée jusqu'au fond de l'âme par cette voix divine, s'enfuit vers la ville en criant à tous :

« J'ai vu le Messie ! »

Le voici donc ce puits fameux, maçonné par Jacob l'an 1700 avant Jésus-Christ; il était par conséquent déjà d'une haute antiquité quand Jésus vint s'y asseoir, et très vénéré par les Juifs. La margelle en fut transportée à Rome, et il ne reste plus aujourd'hui qu'un trou profond de vingt et un mètres, tout crevassé et ne contenant plus d'eau. L'orifice est à deux mètres au-dessous du sol, parce que jadis une église était construite au-dessus. J'y descends en m'accrochant aux rochers, et, prosternée à côté, je dis comme la Samaritaine :

« Seigneur, donnez-moi à boire de cette eau ! »

Mais le puits est vide, et Jésus n'est plus là !

La messe est célébrée sous une tente, dressée pour cette circonstance dans le champ fameux que Jacob donna en héritage à son fils Joseph. Non loin du lieu où nous sommes, on voit un petit monument élevé à la mémoire de Joseph, dont les os furent déposés très probablement à cet endroit.

A onze heures, nous rentrons à Naplouse par une chaleur étouffante. Cependant un groupe se forme sous la conduite du frère Liévin, pour visiter la ville et le célèbre Pentateuque renfermé dans la synagogue; des soldats turcs ou *bachibouzoucks* nous accompagnent. Rien n'est plus curieux que cette ville étrange; à part deux ou trois rues bien alignées, ce n'est qu'un dédale de ruelles obscures et voûtées, tortueuses et glissantes. Nous avons l'air parfois de nous engloutir dans des cachots; tout à coup un brillant rayon de soleil éclate par l'ouverture d'une voûte et nous éblouit. Ces sombres couloirs sont, paraît-il, de véritables coupe-gorges; aussi les soldats ont-ils bien soin de ne laisser personne en arrière, et barrent le passage aux retardataires avec leurs sabres recourbés comme le croissant de la lune. Je tire mon calepin pour dessiner, mais ils se précipitent sur moi et me poussent, à la lettre, l'épée dans les reins. Ces couloirs obscurs font penser aux cercles du Dante qui entourent l'enfer; c'est la nuit perpétuelle dans le pays du soleil. Mais soudain la pleine lumière brille à nos yeux et nous montre la synagogue en face de nous.

Les Samaritains se déchaussent et ne laissent pénétrer les pèlerins qu'en recevant de chacun une pièce blanche. J'entre une des dernières pour éviter la cohue et mieux voir le célèbre manuscrit. Lui seul attire le regard dans cette synagogue dénudée ; c'est un vrai trésor que les Samaritains gardent avec des précautions infinies; on ne peut l'admirer que sous l'œil vigilant de deux cerbères qui ne permettent guère d'y toucher. Ce rouleau sacré, que les Samaritains font remonter à Phinéas, petit-fils d'Aaron, c'est-à-dire à environ quinze cents ans avant Jésus-Christ, aurait été copié à la porte du Tabernacle sur la peau d'un agneau immolé pour le sacrifice pacifique ; mais le frère Liévin pense qu'il date seulement de Manassé, grand sacrificateur du temple de Garizim, vers l'an 339 avant Jésus-Christ. Quoi qu'il en soit, ce magnifique manuscrit, qui contient en caractères samaritains les cinq livres de Moïse, est écrit sur une bande de parchemin longue de plusieurs mètres, disposée autour de deux baguettes d'argent, de façon qu'une partie s'enroule à mesure que l'autre se déroule ; une magnifique étoffe de damas vert l'enveloppe entièrement.

XI

DERNIER CAMPEMENT. — ARRIVÉE A JÉRUSALEM

A cheval, une heure et demie.

A une heure de l'après-midi, on lève le camp, et nous quittons Naplouse. Je cherche partout mon cheval; mais je ne trouve que ma selle, installée sur le dos d'une mauvaise rossinante rousse. Michel me fait entendre que mon pauvre cheval est blessé au garrot, et qu'il me faudra prendre celui-ci. Je grimpe en soupirant sur ma pauvre haridelle.

Adieu, Naplouse! adieu, Hébal et Garizim! J'ai le temps de méditer sur vos grandeurs passées, car me voici bien en arrière de la caravane. Lasse d'exciter ma monture et devenue à peu près aphone à force de crier : *Hemchi! Yallah!* (Marche! En avant[1]!) sans aucun succès appréciable, je finis par lui lâcher la bride sur le cou et par écrire mes notes.

Devant moi, comme une vision fantastique, le groupe des *blancs* trotte, voltige, disparaît. Le bruit de leurs voix s'éteint dans un bourdonnement confus. Tout à l'heure je me ferai remorquer comme une pauvre éclopée. Quelle honte!

Trois heures.

Voici une étape : je cours à Albina et obtiens de lui un cheval porteur de bagages en échange du mien. En un clin d'œil les bagages sont à terre, et ma selle les remplace. Par

[1] Il est à remarquer que les bons chevaux arabes partent d'ordinaire à la voix, sans qu'il soit nécessaire d'employer la cravache. L'Arabe parle à son cheval comme à un ami et le flatte de la voix et de la main; il acquiert ainsi une intelligence et une douceur remarquable.

la même occasion, il change le cheval boiteux de mon frère. Brave Albina!

Nous voilà bien montés à présent, je puis rejoindre ces dames et reprendre mon rang. Je chevauche quelque temps près de Mlle de Roumanie, cette jeune fille indépendante, indomptée comme un cheval arabe et qui prend parfois des allures de fille du désert. Elle court souvent en dehors de la caravane, à califourchon sur une selle arabe qui vacille.

Après cette halte, on donne aux dames l'honneur du premier rang. En avant notre fanion blanc! Nous marchons bien, tout en égrenant notre chapelet. C'est la pieuse habitude du pèlerinage de réciter le rosaire tous les jours; dans les endroits les plus scabreux, l'*Ave Maria* est répété avec le plus d'ardeur. Cette prière est touchante, récitée d'un bout de la caravane à l'autre; ne formons-nous pas, du reste, un immense chapelet dont les fanions de couleur sont les *Pater?*

Cette route qui part de Naplouse est délicieuse, toute bordée de cactus gigantesques. Il y a bien quelques descentes plus ou moins vertigineuses, mais en pèlerinage on sait toujours se tirer des mauvais pas.

Çà et là, dans les champs, des fellahs (cultivateurs) labourent avec une étrange charrue : c'est une perche de trois à quatre mètres, munie d'un autre bâton en angle, qui effleure très légèrement la surface du sol. D'une main le laboureur dirige sa charrue, de l'autre il tient un long aiguillon dont il excite le bourriquet qui la traîne. Ces Arabes, vêtus d'une simple tunique serrée à la taille par une ceinture, ont une tournure tant soit peu patriarcale. Ces pauvres fellahs ont des mœurs simples, une sobriété excessive. Des fruits, des herbes, du lait de chèvre ou de chamelle, telle est leur nourriture.

Nous devions camper à Sindjil; mais il faudrait traverser des champs de froment dont la récolte est prochaine; on change donc l'itinéraire, nous camperons à Khan-Loubban.

Khan-Loubban, huit heures du soir.

Livrées à nous-mêmes et à l'ardeur de nos chevaux, nous laissons loin derrière nous le groupe des *rouges,* qui n'atteint Khan-Loubban que longtemps après nous. Nos tentes sont accrochées sur le flanc d'une montagne rocheuse, nous sommes dans un vrai désert. Cette solitude est grandiose à l'heure où nous sommes. Le soleil fuit derrière la montagne, laissant une traînée lumineuse qui peu à peu s'évanouit. La nuit tombe; au-dessus de nos têtes la lune pleine s'élève, et les étoiles, comme des épingles d'or, piquent le bleu profond.

Vite nous dressons notre petit autel à Marie. Pas une fleur dans ce pays sauvage; un faisceau de nos étendards remplacera la verdure absente. Des coups de pistolet sont tirés par des artilleurs improvisés, des allumettes Bengale illuminent tout le camp de lueurs fantastiques : c'est vraiment un mois de Marie à demi guerrier. Il se termine par des vivats enthousiastes mille fois répétés : « Vive la sainte Vierge ! » Quelques Bédouins, errant sur les montagnes, écoutent de loin nos cantiques.

Notre dernier campement en Samarie nous laissera des souvenirs ineffaçables.

En Judée, vendredi 4 mai.

Nous partons de grand matin, car il faut arriver cet après-midi à Jérusalem. Ce nom fait battre nos cœurs, et nous donnera mille fois le courage de supporter le poids de la chaleur et de la fatigue qui nous sont prédites pour la journée. Adieu donc, belle Samarie ! campements sauvages, vie nomade et tant soit peu militaire; adieu, douces montagnes verdoyantes ! Dès lors nous n'aurons plus de frais ombrages ni de jolis bois d'oliviers et de chênes verts; voici les montagnes de Judée, stériles et désolées, sans aucune verdure qui repose la vue ! On part presque avec tristesse, en se retournant pour voir encore ce nid sauvage de Khan-Loubban.

Le soleil s'annonce brûlant, et le ciel est d'une pureté extrême. Sur notre passage, de grands troupeaux de chèvres noires, aux oreilles pendantes, paissent dans les champs; elles nous regardent d'un œil mélancolique et se remettent à brouter l'herbe maigre.

Longtemps nous chevauchons dans des sentiers rocailleux, quand, sur la petite hauteur qui précède Béthel, M. de Piellat se retourne tout à coup, étend la main et s'écrie : « Jérusalem ! » Ce mot produit sur nous le tressaillement qu'éprouvent les passagers lorsque la vigie, du haut de son observatoire, crie : « Terre ! terre ! » Nous découvrons, en effet, dans le lointain, une masse blanchâtre : c'est la ville sainte ! une colline élevée : c'est le mont des Oliviers ! Vision touchante ! comme les premiers croisés, nous sentons nos yeux se mouiller de larmes... C'est le port entrevu, le but tant désiré, le rêve bientôt accompli.

Béthel, onze heures du matin.

Nous avons fait une petite halte ici ; nous sommes descendus de cheval pour visiter les ruines de l'église des croisés, qui recouvrait le lieu même de la vision de Jacob. C'est à Béthel aussi que Débora, nourrice de Rébecca, fut inhumée sous le chêne des Pleurs. Sur le chemin qui conduit de Béthel à Jéricho, quarante enfants furent dévorés par deux ours pour avoir insulté le prophète Élisée.

En montant sur un pan de muraille à demi écroulé, peut-être à l'endroit même où s'élevait jusqu'au ciel l'échelle mystérieuse, on peut revoir Jérusalem.

Onze heures et demie.

Nous remontons à cheval avec courage ; mais le paysage change de plus en plus d'aspect. Il est morne comme si la vie s'en était retirée ; une teinte rougeâtre et monotone remplace la verdure des prairies ; l'herbe est desséchée, le sol brûlé et maudit. Parfois quelque triste térébinthe, planté çà ou là, se détache sur le ciel profond.

Du reste je remarque, depuis que je suis en Palestine, que le ciel prend toute la valeur du paysage, et l'on pourrait dire que la terre s'efface devant lui. La couleur, la valeur du ton est au ciel ; la terre, presque uniforme, n'en est qu'un pâle reflet. En France, c'est tout l'opposé : la terre a l'importance, la beauté et la force des tons variés, et le ciel pâlit, au contraire. On pourrait, en toute vérité, appeler la Palestine : Terre du ciel.

Nous passons à El-Bireh, où la sainte Vierge s'aperçut de la disparition de son divin Fils. Pendant trois jours elle le chercha dans la plus vive angoisse, et le retrouva enseignant dans le temple au milieu des docteurs.

Les croisés ont bâti une église, maintenant ruinée, au lieu où Marie ressentit la douleur de la première séparation.

Ramalah, une heure de l'après-midi.

A midi, nous arrivons à Ramalah, petit village assez propret perché sur une colline. Une hospitalité charmante nous est offerte par les sœurs de Saint-Joseph établies là. Nous y prenons notre repas; au dessert elles nous amènent leurs petites protégées arabes, très jolies dans ces robes rayées de rouge, jaune et bleu, qui leur vont si bien; leur tête est couverte de pièces de monnaie enfilées les unes contre les autres et très serrées; un grand voile blanc retombe gracieusement de cette coiffure, et les enveloppe presque entièrement. Elles dansent devant nous à la mode orientale, en chantant sur un ton monotone des mélodies arabes entrecoupées de rires et de battements de pieds qui donnent le rythme et la cadence. Il y a de la noblesse dans leurs mouvements, à défaut de légèreté.

Vers Jérusalem.

A deux heures nous quittons Ramalah pour achever notre étape, qui sera courte cette fois. L'approche de la ville sainte se fait pressentir; beaucoup de monde circule dans tous les chemins. Nous rencontrons des groupes nombreux d'hommes et de femmes chantant au son du tambourin, d'autres psalmodient des cantiques; les uns sont à pied, quelques femmes montées sur des ânes. On dirait que tous les peuples de la terre se sont donné rendez-vous ici; on voit défiler : Grecs aux riches costumes; Russes aux cheveux longs et chaussés de leurs grandes bottes nationales, accourus à Jérusalem pour y célébrer la Pâque solennelle du rite grec; Turcs aux pantalons larges comme une jupe plissée et serrée sur le cou-de-pied; Égyptiens, Arméniens, Arabes, drapés dans le grand manteau en poils de chameau : quelques-uns même, malgré la chaleur de la saison, sont vêtus d'une peau de chèvre ou de mouton aux grands poils frisés. Les femmes musulmanes, le visage caché sous une étoffe bariolée de dessins étranges, sont recouvertes de la tête aux pieds d'un immense voile en calicot blanc qui les fait ressembler à des fantômes.

Un cortège s'avance, musique en tête, et tirant des coups de fusils; hommes et femmes marchent d'un pas cadencé en chantant à tue-tête. Qu'est-ce donc? Est-ce une noce musulmane? On me répond que ce sont des pèlerins de Nébi-Mouça en l'honneur de Moïse. Ce fameux pèlerinage musulman a lieu chaque année, et c'est toujours un événement pour Jérusalem. Le pacha lui-même assiste au défilé qui passe dans la vallée de Josaphat, et les soldats turcs contiennent la foule. Le cortège se divise en deux bandes : la première composée du bas peuple et des étrangers, tous gens à peine vêtus, brûlés du soleil, s'excitant à la marche au son des tambours et des cymbales. La seconde comprend la classe élevée et forme l'escorte du drapeau appelé « étendard de Moïse ». Au moment où l'étendard quitte la ville, le canon fait retentir de vingt et un coups les échos de la vallée. La durée de ce pèlerinage est de cinq heures; il se rend dans les montagnes de Judée au lieu appelé Nébi-Mouça.

Les groupes deviennent de plus en plus nombreux. A quatre heures nous sommes sur le mont Scopus, en vue de Jérusalem... *Lætatus sum !*

« Je me suis réjouie de la parole qui m'a été dite :

« Nous irons dans la maison du Seigneur.

« Nous avions établi notre demeure dans tes parvis, ô Jérusalem !

« Jérusalem, qui s'élève, semblable à une ville dont les diverses parties forment un tout admirable. »

Voilà au centre une coupole noircie par les siècles, c'est le Saint-Sépulcre; à gauche, la mosquée d'Omar au sommet du Moriah, à la place même où s'élevait le temple de Salomon; à droite, la nouvelle église du Saint-Sauveur, bâtie par les Franciscains, et là-bas le mont des Oliviers, qui s'élève au second plan!

On tressaille, on chante, on sanglote à cette vue. Rien n'est comparable à cette émotion. La voici donc cette Jérusalem tant vantée par les prophètes, cette fille de Sion jadis assise dans sa gloire! Elle est aujourd'hui comme une vieille femme courbée dans la douleur, et qui pleure sur des ruines amoncelées.

La voici donc cette ville de quatre mille ans, unique au monde, à la fois maudite et aimée de Dieu! Que sont devenues les villes célèbres par leur antiquité : Ninive, Babylone, Memphis?... Couchées dans la poussière! Mais Jérusalem vit toujours, elle, car elle renferme dans son sein un immortel tombeau... Salut, JÉRUSALEM LA SAINTE (El-Koods)!

XII

JÉRUSALEM

Notre-Dame-de-Sion, vendredi 4 mai, soir.

Suis-je bien à Jérusalem, et n'est-ce point un rêve qui va s'évanouir? Mais non, c'est une douce réalité. J'ai vu ses maisons blanches sans toit, ses rues sombres et étroites, la Voie douloureuse qui traverse la ville sainte et le dôme du Saint-Sépulcre qui la domine!

Il est tard; nous sommes installées, ma sœur et moi, à l'*Ecce Homo,* dans le couvent de Notre-Dame-de-Sion, bâti par le Père de Ratisbonne, à la place même du palais de Pilate. Mon frère est à l'hospice autrichien, tout près d'ici, et en nombreuse compagnie de prêtres. Nous avons le cœur tout joyeux d'avoir trouvé en arrivant un considérable courrier : ces lettres de France nous apportent des parfums de tendresse... et des bouffées d'air natal.

Entourée de mes *Guides,* je vais tout à l'heure étudier la topographie et l'histoire de la ville sainte, afin de pouvoir m'orienter demain matin.

Et d'abord, achevons le récit de notre arrivée à Jérusalem. Depuis le mont Scopus, en une heure nous arrivons devant la magnifique porte de Damas. Des députations de toutes les congrégations de la ville viennent au-devant de nous, en même temps que nos compagnons arrivés par Jaffa; ceux-ci paraissent heureux de nous revoir en vie, de contempler nos habits poudreux, nos figures bronzées sous nos chapeaux défraîchis.

On met pied à terre devant la nouvelle hôtellerie de Notre-

Dame-de-France, construite par les Pères de l'Assomption avec les dons généreux des Français catholiques; magnifique construction qui implantera la France sur le sol tant disputé de Jérusalem!

Le consul lui-même vient à notre rencontre et s'unit à la procession immense que nous formons pour entrer dans la ville, au chant de ce beau cantique :

O Marie, ô Mère chérie,
Garde au cœur des Français la foi des anciens jours!

Quel coup d'œil en franchissant la porte de Jaffa! On dirait que toute l'animation de la ville se porte là. C'est un encombrement d'Arabes, de marchands qui crient, de jeunes enfants en tunique rayée jaune ou orange, d'ânes qui passent avec des charges débordantes, de chameaux dégingandés qui marchent d'un air doux, bête et mélancolique. On y voit des Bédouins armés jusqu'aux dents, des types d'hommes superbes, des Juifs à l'air sordide et blême, aux cheveux roulés en tire-bouchons devant les oreilles, des femmes voilées, des enfants qui nous disent bonjour en français, des prêtres schismatiques vêtus de robes noires, portant les cheveux longs, tressés et relevés comme ceux des femmes.

Au milieu de tous, nous passons fièrement : catholiques et Français!

A quelques pas de la porte de Jaffa se dresse la masse imposante de la tour de David; la rue que nous suivons est bordée de magasins remplis d'objets de piété. Les marchands sur la porte nous engagent déjà, d'un air aimable, à venir nous faire voler,... mais plus tard, quand nous aurons le temps!

Nous passons devant Casa-Nova, où la bonne hospitalité franciscaine attend un grand nombre de pèlerins; puis nous entrons à l'église Saint-Sauveur, pour chanter un *Te Deum* d'actions de grâces.

Après la bénédiction du saint Sacrement, chacun se disperse pour gagner son gîte. Le nôtre est loin, au couvent de Notre-Dame-de-Sion, situé à l'extrémité même de la ville; aussi ferons-nous des démarches pour venir à Casa-Nova y rejoindre nos amis et nous rapprocher du pèlerinage; mais, en attendant, nous ne savons de quel côté nous diriger, quand tout à coup une bonne petite religieuse s'offre à nous conduire à Notre-Dame-de-Sion et nous tire ainsi d'embarras.

Il fait presque nuit; elle nous mène par la Voie douloureuse, nous indique chaque station en passant, et ne nous quitte que sur le seuil du couvent. Ces dames nous font entrer d'abord dans la chapelle de l'Ecce Homo, où la blanche statue du Christ brille dans l'ombre, à la place même où Pilate le montra à la foule. C'est saisissant. Puis nous entrons dans notre chambre, qui donne sur une belle terrasse, d'où la vue embrasse Jérusalem tout entière. Ce soir, par la fenêtre entr'ouverte, je puis admirer les fines silhouettes des églises et des minarets qui s'élèvent au-dessus de la ville; les étoiles scintillent, et doucement dans les airs la lune se balance, comme la gloire de Jérusalem elle-même, remontée dans le ciel.

Mais il est temps d'ouvrir mes Guides. L'origine de Jérusalem remonte à l'époque chananéenne. Lorsque Melchisédech, roi de Salem, eut avec Abraham, deux mille ans avant Jésus-Christ, l'entrevue rapportée dans la Genèse, c'est dans la vallée de Josaphat, appelée en ce temps vallée du Roi, qu'il rencontra ce patriarche. Tout porte donc à croire que la Salem de Melchisédech est bien la même que la ville appelée plus tard Jébus, au temps de Josué, et dont on a fait le nom de Jérusalem. David s'empara de l'illustre cité l'an 1049 avant Jésus-Christ, et en fit la capitale de son royaume. Dès lors le mont Sion prit le nom de cité de David, parce que ce prince y fixa sa demeure; de même, par extension, Jérusalem fut souvent appelée Sion ou fille de Sion. Sous le règne de Salomon, cette ville atteignit l'apogée de sa grandeur et devint même le centre de la civilisation dans l'Asie occidentale. Mais, après ce grand roi, elle fut divisée et perdit de son importance; elle eut à subir des invasions et tomba au pouvoir de Nabuchodonosor, roi d'Assyrie, qui saccagea la ville et emmena le peuple hébreu captif à Babylone. Après soixante-dix ans de captivité, Cyrus permit aux Israélites de retourner dans leur patrie et de relever leurs murailles.

Plus tard, étant retombée sous le pouvoir des Ptolémées, elle ne recouvra son indépendance que sous les Machabées, cent soixante ans avant Jésus-Christ. Pompée s'en empara et lui donna des gouverneurs; c'est à la fin du règne d'Hérode le Grand que naquit le Messie. On sait que le Sauveur prédit la ruine de Jérusalem et la destruction du Temple, événements qui s'accomplirent à la lettre l'an 71 de notre ère, sous le règne de Titus.

Rebâtie, elle subit de nouvelles dévastations et plusieurs incendies. Cependant tous les lieux sanctifiés par la présence de Jésus-Christ furent conservés scrupuleusement, soit par la haine des païens, qui édifièrent des temples d'idoles à leur place, soit par la vénération des chrétiens et même des musulmans.

La position exceptionnelle de Jérusalem, bâtie sur six collines, isolée au-dessus des vallées, juste à la limite du partage des eaux de la Méditerranée et du Jourdain, la fit regarder par les anciens comme l'ombilic de la Judée et même du monde entier. Ézéchiel la signale comme étant au centre des nations. Ce verset du prophète, mal interprété par les rabbins, fut cause de l'erreur des Grecs, qui croient posséder dans le chœur de leur chapelle au Saint-Sépulcre le prétendu centre de la terre.

Jérusalem, grâce à son élévation au-dessus de la mer (760 mètres d'altitude), est soumise à de brusques variations de température, qui font sauter parfois le thermomètre de 6 à 7 degrés dans l'espace d'une heure.

« Mais la saison des pluies une fois passée, dit Victor Guérin, le ciel est d'une pureté presque inaltérable, et une belle teinte bleue forme au-dessus de la ville une voûte azurée, qu'aucun nuage d'ordinaire ne vient ternir. La chaleur y est sans doute assez forte, mais néanmoins supportable, sauf les jours où le vent du sud vient à souffler. Dans ce cas, l'atmosphère est lourde et écrasante, et l'on éprouve une sorte de malaise indéfinissable, qui cesse et disparaît avec ce vent embrasé, que les indigènes appellent *rhamsin* ou *simoun*. Les soirées sont délicieuses; du haut des terrasses qui couronnent les couvents et les maisons, on peut jouir tous les jours, pendant sept à huit mois de l'année, à la fois d'une fraîcheur relative très agréable et de toute la magnificence des plus splendides couchers de soleil qu'on puisse concevoir. Mais parfois aussi les pluies d'hiver se transforment en neige, et cela n'est pas très rare aux mois de janvier et de février[1]. »

Une parole du psalmiste est frappante à ce sujet :

« Dieu fait tomber la neige comme une laine, il répand les frimas comme de la cendre, il amasse la glace comme des morceaux de cristal; qui peut alors soutenir la rigueur de son froid? »

[1] VICTOR GUÉRIN, *la Terre sainte.*

Jérusalem, comme je l'ai déjà dit, est posée sur six collines séparées entre elles par quatre vallées. Ainsi les deux villes choisies de Dieu pour y accomplir ses grands desseins sont assises sur des collines : Rome et Jérusalem, la ville éternelle et la ville sainte ! Deux nids d'aigles élevés, deux marchepieds divins !

Les collines de Jérusalem sont :

1° BÉZÉTHA, qui comprend la ville nouvelle et quelques quartiers anciens : le palais de Pilate et le lieu de la Flagellation.

Juif de Jérusalem.

2° MORIAH. C'était la colline du Temple, remplacée aujourd'hui par la mosquée d'Omar et la mosquée El-Aksa.

3° OPHEL, qui domine la vallée de Josaphat.

4° ACRA. Cette colline servit de première assise à Jérusalem ; elle est située au centre de la ville ; la Voie douloureuse la longe dans toute son étendue.

5° GAREB, qui comprend le Calvaire et le Saint-Sépulcre ; elle était autrefois en dehors des murailles, mais elle est maintenant enclavée dans la ville. Le Golgotha était un contrefort de cette colline.

6° SION. Ce nom signifie hauteur. C'est l'ancienne cité de David, sur laquelle était bâti son palais; on y voit encore l'antique forteresse appelée tour de David, et le Cénacle, devenu une mosquée.

Les quatre vallées qui séparent les six collines sont :

1° TYROPÉON (les Fromagers), entre Sion, Acra et Moriah.

2° LE LARGE RAVIN, qui sépare Acra de Bézétha.

3° LA VALLÉE DES CADAVRES, entre Acra et Gareb.

4° LA VALLÉE DES CENDRES, entre Bézétha et Moriah.

Les murailles de Jérusalem étaient jadis au nombre de trois; mais l'enceinte actuelle ne date que du sultan Soliman, en 1534, et renferme sept portes, dont voici les noms :

1° LA PORTE DE DAMAS, la plus belle et la mieux fortifiée de toutes.

2° LA PORTE D'HÉRODE ou porte des Fleurs. Petite et dénuée d'ornements, elle conduit sur le plateau nord, près de Bézétha.

3° LA PORTE SAINT-ÉTIENNE, ainsi nommée en souvenir du martyr lapidé non loin de là. Les Arabes l'appellent aussi BAB-SITTI-MARIAM (porte de Madame Marie), parce qu'elle est située près du tombeau de la sainte Vierge. Elle conduit dans la vallée de Josaphat et au mont des Oliviers.

4° LA PORTE DORÉE, la plus remarquable par la beauté de ses sculptures. Elle est murée.

5° LA PORTE DES AFRICAINS ou des MAUGRABINS, ou encore STERQUILINAIRE, située au centre de la vallée de Tyropéon; elle conduit du quartier juif à la piscine de Siloé.

6° LA PORTE DE SION, appelée BAB-NEBI-DAOUD (porte du prophète David), parce que dans son voisinage, c'est-à-dire au Cénacle, les musulmans vénèrent le tombeau du saint roi.

7° LA PORTE DE JAFFA OU PORTE D'HÉBRON, qui conduit à Bethléhem, Hébron et Jaffa.

La population de Jérusalem, qui s'élevait à 120000 habitants lorsque Alexandre le Grand la visita, n'en comprend plus aujourd'hui que 43000. Les différents cultes y sont représentés dans la proportion suivante :

Juifs.	28000
Catholiques	2100
Sectes chrétiennes dissidentes. . .	5000
Musulmans	7500

Les sectes chrétiennes dissidentes ou non unies comprennent : les Grecs, les Arméniens, les Coptes, les Abyssins, les Syriens et quelques protestants. La population est donc formée d'un mélange de nations diverses descendant des Égyptiens, Grecs, Arabes, Turcs et aussi des croisés. Les indigènes sont en général très indolents et s'abaissent difficilement à de gros travaux. Tous cependant voudraient gagner de l'argent, mais ils aiment mieux tendre la main ou voler que travailler.

Cette fois, je ferme mes livres... et mes paupières. J'ai bien mérité ce petit lit tout blanc, entouré d'une moustiquaire en mousseline, qui m'invite d'une façon irrésistible à prendre un repos inconnu depuis notre départ de France.

XIII

VISITE DES LIEUX SAINTS

Notre-Dame-de-Sion, samedi 5 mai.

Le soleil radieux nous éveille de bonne heure. Du reste, vieille habitude de Samarie, on a encore dans les oreilles le son de la trompe matinale ; mais point de chacals cette nuit. Quel délicieux sommeil !

Nous assistons à la messe dans la chapelle de l'*Ecce Homo*, qui laisse voir, enclavé dans ses murailles, l'arc d'où l'odieux Pilate montra Jésus-Christ à la foule. Lâche Pilate ! l'Innocent que tu condamnes triomphe, et ton nom sera attaché au pilori infâme jusqu'à la fin des siècles.

Ce matin, en arrivant à Casa-Nova, nous apprenons une navrante nouvelle. Notre malheureuse Anglaise a été retrouvée noyée sur les bords du lac de Tibériade, où les vagues l'avaient rejetée; les uns prétendent qu'elle portait des traces de strangulation, et que sans doute les Bédouins l'avaient dévalisée avant de la faire mourir; les autres, qu'elle avait été attirée dans une maison par des femmes juives; que là des Juifs, après l'avoir étranglée, auraient sucé son sang par deux blessures qu'elle portait aux tempes et qu'ils lui avaient faites dans ce but. Cette version a été confirmée par le curé de Tibériade. Quoi qu'il en soit, cet affreux événement nous consterne ; la pensée de cette place désormais vide parmi nous, ce drame sinistre dont Tibériade a été le théâtre, nous étreignent douloureusement le cœur.

Le Père Philippe, auquel nous demandons une place dans son hôtellerie de Casa-Nova, nous donne une chambre à l'entrée du couvent. Nous sommes enchantées de nous rapprocher des pèlerins et de retrouver ici toutes nos connaissances.

On nous dit aussi qu'il faudra renoncer aujourd'hui à entrer au Saint-Sépulcre, à cause de la Pâque des Grecs schismatiques, qui envahissent toute la basilique ; mais le frère Liévin nous conduira visiter plusieurs saints lieux sur le mont Sion. Cependant nous ne renonçons pas, Isabelle et moi, à l'espoir de pénétrer au Saint-Sépulcre ; en tout cas, nous essayerons, fallût-il jouer des coudes vigoureusement.

Casa-Nova, deux heures de l'après-midi.

Nous sommes entrées, mais avec quelle difficulté ! La place qui précède la basilique était couverte d'une foule compacte. Quelques pèlerins qui attendaient aussi devant le portique nous disent :

« Il est impossible d'y pénétrer, nous avons essayé. »

Devant nous se dresse l'imposante façade aux pierres noircies par les siècles ; nous voyons les Grecs s'engouffrer sous les voûtes sacrées, et nous, pèlerines, venues de onze cents lieues, nous n'irions pas comme eux vénérer le saint tombeau? Essayons à notre tour. Nous nous mêlons à la foule, qui nous porte bientôt jusqu'à la pierre de l'Onction, où Notre-Seigneur fut embaumé ; nous voici déjà sous les sombres voûtes. Décrire l'affreuse bousculade qui se produit dans le lieu saint est chose impossible : cris, hurlements, épouvantable orgie, abomination de la désolation prédite par le prophète ! Cela nous rappelle avec un serrement de cœur les vendeurs du Temple, que Jésus chassa avec des verges, et plus encore les horribles vociférations de la foule près du Sauveur crucifié. Lui qui s'est livré aux mains des bourreaux, permet donc encore que tous ces peuples se disputent son tombeau ! Toujours portées par la foule, nous arrivons dans la grande chapelle des Grecs, qui se trouve juste devant le Saint-Sépulcre ; mais là deux bras de fer nous repoussent : c'est un prêtre schismatique, à l'air revêche, qui veut nous empêcher d'entrer. Comme toujours, le bakchich produit son effet ; il nous laisse passer, et nous saluons enfin, mais d'un peu loin, le saint édicule envahi par les popes.

Tout à l'heure aura lieu la cérémonie du feu nouveau. Un prêtre schismatique allumera un flambeau dans l'intérieur du

Saint-Sépulcre pour le montrer à la foule par une ouverture pratiquée dans le saint édicule. A sa vue, les assistants, comme de véritables énergumènes, se précipitent avec fureur pour y allumer leurs cierges, en poussant des cris affreux, en sautant les uns sur les autres au risque de s'écraser. Les hommes se brûlent la barbe et les cheveux en hurlant de douleur; les femmes allument des faisceaux de bougies et promènent le feu sacré sur leurs bras, leur poitrine; c'est une mêlée indescriptible, épouvantable.

Nous sommes heureuses d'échapper à cette scène et de respirer l'air pur du dehors. Nous arrivons à Casa-Nova juste à temps pour nous joindre au groupe qui va visiter le mont Sion.

Ce groupe nous fait suivre des ruelles tortueuses, obscures, vrai dédale où l'on se perdrait dix fois sans le fil conducteur qui est le frère Liévin. Cette course est intéressante à tous points de vue; la voie célèbre de la captivité du Christ, c'est-à-dire celle qu'il suivit, prisonnier de l'escorte de Judas, traverse le quartier juif. Ce quartier est le réceptacle immonde dans lequel croupit le peuple déicide, traînant les loques de son manteau de misère dans la boue et la corruption du chemin. C'est innommable. Tout est pêle-mêle dans ces affreuses ruelles; j'y ai vu des cadavres d'animaux en putréfaction entassés près de la porte Sterquilinaire et les enfants grouiller à côté de ces infections! Aussi je ne m'étonne plus des figures hâves, livides, de ces juifs aux cheveux pendants, sous le large bonnet de fourrure qui rend encore plus minces leurs visages émaciés.

Le vrai jour ne luit pas dans ces bouges: c'est plutôt la lueur terne qui pénètre dans un cachot. La peinture qu'en fait Jérémie dans ses Lamentations est tout à fait saisissante: « Les vieillards de la fille de Sion se sont assis sur la terre et demeurent dans le silence; ils ont couvert leur tête de cendre, ils se sont revêtus de cilices. Les vierges de Jérusalem tiennent leurs têtes baissées vers la terre. Ceux qui mangeaient au milieu de la pourpre ont embrassé l'ordure. Comment donc l'or s'est-il obscurci, et les pierres du sanctuaire ont-elles été dispersées au coin de toutes les rues? »

Pauvre peuple déchu, bien déchu, tu portes au front ta formidable malédiction comme une cicatrice ineffaçable! Iras-tu ainsi jusqu'à la fin du monde, aveugle devant le soleil, obstiné, endurci sous le fouet du châtiment?

La vue de cette misère nous prépare davantage aux tristes souvenirs des péchés de ce peuple, car nous visitons ensuite la maison d'Anne, ce juif rusé et sournois qui interrogea Notre-Seigneur. Pendant l'interrogatoire du grand prêtre, un soldat brutal donna un soufflet au Sauveur; le lieu de cette sacrilège injure est marqué par un petit autel que nous avons vénéré, dans la chapelle arménienne bâtie sur l'emplacement de cette maison.

Un peu plus loin se trouve l'église Saint-Jacques-le-Mineur, où le saint apôtre fut martyrisé; elle sert de cathédrale aux Arméniens non unis, et mérite d'être visitée à cause de la richesse et de la profusion des ornementations. Puis nous sortons par la porte de Sion et passons d'abord près du lieu où le cortège funèbre de la sainte Vierge fut arrêté par les Juifs, qui s'efforçaient de jeter à terre ces précieuses dépouilles; mais Dieu punit les criminels. L'un d'eux, qui avait osé porter une main sacrilège sur le corps sacré, eut soudain le bras paralysé, et ses compagnons devinrent aveugles. Effrayés, ils se repentirent de leur crime, et à la prière des apôtres Dieu les guérit et convertit leurs cœurs, en sorte qu'ils demandèrent le baptême.

Nous arrivons à la maison de Caïphe. Jésus fut jugé ici une seconde fois, et Pierre y renia son Maître. Dans la cour, pavée de pierres tumulaires, s'ouvre l'église arménienne; on y vénère la prison où Notre-Seigneur passa la nuit du jeudi au vendredi saint, et la pierre de l'ange qui fermait l'entrée du Saint-Sépulcre. Elle est ronde, en forme de meule. En la voyant, on comprend la parole des saintes femmes : « Qui nous fera rouler la pierre du sépulcre ? »

Après cette visite, nous revenons sur nos pas presque jusqu'aux murailles de la ville; un chemin à droite nous conduit à travers les cimetières chrétiens, au champ de la Dormition de la sainte Vierge, tout près du Cénacle.

La maison de Jean s'élevait jadis là; elle devint l'asile de la Mère de Dieu, qui s'y endormit du sommeil de la mort avant sa glorieuse Assomption. Ce céleste sommeil est raconté d'une manière touchante par un vieil auteur appelé Nicéphore, presque contemporain des apôtres :

« Un ange, dit-il, l'ayant avertie de sa mort prochaine, Marie donna l'ordre au disciple vierge et aux autres assistants de distribuer ses deux tuniques à celles des veuves de son voisinage qui l'avaient entourée d'un plus pieux amour.

L'entendant parler de la sorte, tous versèrent une grande abondance de larmes, en pensant à la solitude où allait les laisser le départ de Marie.

« Puis son divin Fils descendit du haut des cieux avec l'innombrable armée des saints anges, pour recevoir cette âme toute céleste.

« Les apôtres s'étaient rassemblés de toutes parts, et Marie, les voyant qui tenaient autour d'elle des torches allumées, leur fit ses adieux avec une vive allégresse, rendant grâces à son Fils.

« Puis elle se laissa retomber mourante sur sa couche, éleva religieusement son regard vers le ciel, et disposant gravement son corps vénérable et plus pur que le soleil : « Qu'il me soit fait selon votre parole, » dit-elle, et à l'instant elle sembla s'endormir. C'est ainsi qu'elle remit à Dieu, au milieu de ceux qui lui étaient le plus chers, son âme bienheureuse. »

A quelques pas de ce champ s'élève le Cénacle, changé en une mosquée. Hélas ! ce lieu doublement sanctifié par l'institution de la sainte Eucharistie et par la descente du Saint-Esprit est aux mains des musulmans, qui refusent de nous le rendre et le font servir à toutes sortes de profanations. L'étage inférieur, où Notre-Seigneur lava les pieds de ses apôtres, sert de harem. L'étage supérieur, qui sert de mosquée, est le seul où nous puissions pénétrer.

Le derviche qui en a la garde nous refuse d'abord énergiquement l'entrée ; enfin il exige une somme considérable, et nous laisse passer d'un air farouche et méprisant. Nous entrons avec une vive émotion dans cette salle auguste. Elle est assez grande, soutenue par quelques colonnes. Trois fenêtres laissent glisser un jour triste à travers les grillages. Un *mirhah* musulman (lieu de prière) est pratiqué dans le mur.

Nous sommes donc au lieu de la dernière Cène, où le mystère de l'Eucharistie fut accompli. Ici même, pour la première fois, Jésus-Christ parut comme Prêtre et comme Victime aux yeux de ses apôtres émerveillés. Ils entendirent sortir de ses lèvres cette parole étonnante et solennelle : *Ceci est mon corps, ceci est mon sang !...* Et ils firent leur première communion.

Nous, agenouillés en silence, empêchés par le derviche menaçant de prier tout haut, nous paraissons étrangers et bannis à cette même place du banquet eucharistique, auquel pourtant nous sommes seuls conviés. Que de pensées envahissent notre esprit en ce moment! Recueillis, prosternés sur les dalles, ne nous semble-t-il pas sentir encore ce souffle étrange qui passa sur les disciples au jour de la Pentecôte? Le globe céleste brilla sous cette voûte, éclata en mille feux, descendit tout brûlant sur la tête de ces hommes faibles, dont il fit soudain des héros: prêtres, apôtres, vierges, martyrs futurs. La sainte Vierge, elle aussi, était présente et fut de nouveau remplie de l'Esprit-Saint. Et ce lieu vénérable est aux mains des musulmans! La tristesse envahit nos âmes. Jusqu'à quand restera-t-il entre les mains des profanateurs?

Le frère Liévin monte sur les marches d'un escalier, et, dominant toute la salle, il nous explique que le Cénacle appartenait jadis à Joseph d'Arimathie et servait d'église aux chrétiens après la descente du Saint-Esprit. C'est pourquoi elle fut appelée pendant longtemps la « mère des églises ». N'est-ce point là, en effet, que cette semence féconde a été plantée, que ce grain de froment d'où est sortie l'Église tout entière a germé?

Sainte Hélène fit bâtir sur cet auguste sanctuaire une belle église, qui fut malheureusement détruite après les croisades. Au XIVe siècle, les Pères Franciscains rebâtirent la petite église actuelle avec les matériaux de l'ancienne. Mais les Turcs chassèrent les Franciscains en 1550 et s'emparèrent du Cénacle, sous prétexte d'honorer le Roi-Prophète, dont ils croient posséder le tombeau en cet endroit.

En effet, un escalier à droite conduit dans la salle du cénotaphe de David. Un musulman debout nous barre le passage ou bien veut nous faire payer à nouveau. Le frère Liévin est obligé de parlementer en arabe avant que le mécréant consente à nous laisser monter. J'ai vu là-haut le prétendu tombeau de David, tout recouvert d'étoffes précieuses; mais la chose ne paraît nullement certaine. D'après de graves autorités, il est avéré que David fut enterré sur le mont Sion; mais on ignore le lieu de sa sépulture.

Depuis le Cénacle, un chemin conduit vers le sud à l'aqueduc de Salomon, tout près duquel est située la grotte de Saint-Pierre, que l'apôtre repentant baigna de ses larmes amères. Elle se trouve au milieu d'un champ cultivé, et il a été acheté par le comte de Piellat au nom des Pères de l'Assomption.

Après cette visite, nous revenons sur nos pas, et nous nous dirigeons par la porte de Sion vers le couvent des Syriens jacobites. Leur église est bâtie sur l'emplacement de la maison de saint Marc, qui recueillit chez lui saint Pierre après sa sortie miraculeuse de prison. Je remarque toujours une profusion extraordinaire d'ornements dans les chapelles schismatiques. Cette exubérance indique peu de goût. Les sectes hétérodoxes, en général, abusent de la richesse et du luxe de décoration religieuse; on n'y trouve pas la vraie beauté, qui consiste dans la sobriété des détails et dans la belle et régulière ordonnance des parties. Ce goût, cet art, cette beauté que l'on admire surtout dans nos magnifiques cathédrales gothiques, sont l'expression naturelle de la vraie foi, qui élève le travail humain à la hauteur de son but.

J'ai vu encore dans cette chapelle un tableau peint par saint Luc. Ce bon saint Luc dut être un peintre bien en vogue de son temps, à en juger par le nombre incalculable de tableaux qu'on lui attribue, et qui sont répandus sur toute la terre. Ce tableau est enfermé dans un cadre d'argent; ce généreux peintre ne lésinait pas avec ses encadreurs!

Dans cette même chapelle, on remarque un petit autel surmonté d'un dais; les Syriens prétendent que la sainte Vierge reçut en ce lieu le baptême. Mais est-il bien prouvé que l'Immaculée Vierge ait été baptisée? Quoi qu'il en soit, le petit autel est jonché de fleurs fraîches apportées en hommage à Marie par ces dévots schismatiques.

XIV

LE SAINT-SÉPULCRE

Casa-Nova, dimanche 6 mai.

Aujourd'hui enfin, nous avons pénétré librement au Calvaire et au Saint-Sépulcre ! La fête des schismatiques est finie.

Je renonce à dépeindre l'émotion qui étreint le cœur au moment où l'on baise l'endroit précis où la croix fut plantée; quand on se prosterne sur ce rocher jadis ensanglanté du sang d'un Dieu, et recouvert d'un pavé aujourd'hui, on croit voir le divin supplicié, les bras étendus, la tête douloureusement penchée, qui s'écrie : « O vous qui passez, arrêtez-vous, et voyez s'il est une douleur comparable à ma douleur ! »

Comment exprimer l'impression qu'on éprouve en entrant sous ce roc taillé qui renferma pendant trois jours le corps de Jésus-Christ ? Un frisson parcourt l'âme entière, un saisissement inoubliable s'empare de vous, les facultés sont comme suspendues en cet instant solennel, mystérieux, divin ! Est-ce réellement moi qui touche la pierre sacrée du tombeau, qui m'appuie en pleurant sur ce sépulcre? A travers le revêtement de marbre, ne vois-je point la divine forme du Christ qui repose sur la pierre creusée? Je baise le marbre, froid comme le froid de la mort, et je crois sentir sous mes lèvres le saint corps rigide du Fils de Dieu. A ce contact sacré, la vie se précipite en moi comme si je buvais à une source. Ah ! c'est que cette mort a fait jaillir la vie, c'est que cette force toute-puissante qui ne l'a jamais quitté a ressuscité ce corps glorieux et nous ressuscitera un jour avec lui : *Ego sum resurrectio et vita.*

Et puis l'amour se dégage de ce tombeau, l'amour qui illumine, qui réchauffe, qui console; l'amour dévoué, héroïque, l'amour vainqueur. On est tenté de s'écrier comme saint Paul : « Qui est-ce qui nous séparera de l'amour de notre Dieu ? » Rien, pas même la mort, pas même dix-huit siècles de séparation, pas même ce marbre usé par les baisers des peuples et au travers duquel il nous semble le voir encore.

Aujourd'hui nous sommes prosternés comme au temps de Marie sa mère, de Madeleine et de Jean, qui pleuraient. La seule différence pour nous, c'est que nous pleurons de joie.

Certes, l'émotion serait plus vive encore, si nous pouvions voir le roc lui-même et la magnifique roche du Calvaire, teinte encore du sang divin. Nous en voulons un peu à sainte Hélène, qui cacha ces vestiges sacrés sous le marbre et l'albâtre; mais elle les préserva peut-être de la dévastation, et en tout cas des pieux larcins des pèlerins de tous les siècles.

Nous contemplons longtemps le saint édicule, qui n'est autre que le rocher lui-même, recouvert à l'intérieur comme à l'extérieur de marbres, d'ornements, de tableaux et de lampes de toutes couleurs qui brûlent jour et nuit. Le Sauveur fut déposé la tête à l'Occident et les pieds vers l'Orient. Sa tombe affecte la forme d'un sarcophage, adhérent au sol et aux parois du monument par trois côtés ; mais le marbre recouvre la cavité intérieure, en sorte qu'on dirait une table haute de 0m65, large de près de 1 mètre et longue de 1m90. La chambre qui renferme le tombeau est très petite, et ne peut guère contenir que quatre ou cinq personnes debout. L'ouverture qui donne accès dans la chambre sépulcrale est très basse et d'une épaisseur extrême ; c'est devant cette porte qu'était roulée la pierre en forme de meule dont j'ai déjà parlé.

Nous avons grand'peine à rester quelque temps devant la tombe sacrée : chacun se précipite, chacun se prosterne. Russes, Grecs, Arméniens, Abyssins, catholiques, la vénèrent à l'envi. C'est à qui lui apportera son tribut d'hommages, de prières et de larmes. J'ai vu des Russes sangloter en baisant mille fois le marbre sacré : ils ont une manière démonstrative d'exprimer leurs sentiments que nous autres Français n'avons pas. Ici, du reste, point de respect humain, point de scepticisme possible ni d'incrédulité. La vérité du fait démasque toute erreur. Cette unité des peuples, cette foi universelle est fort touchante et réalise à la lettre la parole d'Isaïe : « Son sépulcre sera glorieux. »

Une autre chambre, toujours dans le saint édicule et toujours taillée dans le roc, forme une sorte de vestibule devant celle du tombeau : c'est la chapelle de l'Ange. C'est là que l'ange se tenait quand les saintes femmes l'aperçurent après la résurrection. Elle contient un fragment de la pierre en

Façade de l'église du Saint-Sépulcre.

forme de meule que nous avons vénérée dans la chapelle arménienne.

Nous sortons du monument pour laisser à d'autres le loisir d'entrer, et nous cherchons à nous orienter dans l'immense basilique. Nous n'apercevons que sombres galeries, chapelles obscures, énormes piliers, qui nous dérobent la vue de l'ensemble. L'église manque totalement d'unité ; obligé du reste de suivre la configuration du sol du Golgotha, qu'il s'agissait d'englober dans une construction unique, Constantin l'avait magnifiquement bâtie ; mais elle fut saccagée par Chosroès, roi des Perses, puis rebâtie simplement par un évêque de Jérusalem et modifiée sensiblement par les croisés ; aussi y constate-t-on l'alliance du style roman à l'ogive sarrasine.

Sainte Hélène fit niveler beaucoup de terrains avant de la construire ; mais elle garda soigneusement intacts le Calvaire et le Saint-Sépulcre, qui, du reste, font partie du roc lui-même et ne pouvaient changer de place, c'est là l'important. Il fallut donc soutenir la terre par des contreforts, par des murailles intérieures et par des colonnes ; il fallut creuser des galeries et tailler des escaliers souterrains ; c'est ce qui donne à la basilique un aspect si étrange et si irrégulier.

Elle comprend, dans la même enceinte de murs, trois églises : celle des Pères Franciscains, celle de l'Invention de la Sainte-Croix et le Calvaire. Nous nous dirigeons de nouveau vers le Calvaire, laissant la visite des diverses chapelles pour un autre jour. Il est tout proche du sépulcre, à quarante mètres tout au plus ; on y monte par un escalier très raide de dix-huit marches. Cette chapelle vénérable appartient presque exclusivement aux Grecs non unis. L'autel qui recouvre le lieu trois fois saint du trou de la Croix est orné dans le goût byzantin ; de grandes statues de cuivre repoussé, argenté ou doré, un Christ en croix aux formes étroites et sèches, des candélabres ciselés, des lampes suspendues, une profusion de petites images d'or ou d'argent, font un ensemble éblouissant au regard.

Le Seigneur mourant avait la figure tournée vers l'Occident ; à sa droite était le bon larron, à sa gauche le mauvais. De ce même côté eut lieu la fente merveilleuse du rocher. Formée par un tremblement de terre très violent au moment suprême de la mort du Christ, elle se prolonge bien avant dans les entrailles de la terre, en décrivant une ligne ondulée allant de l'est à l'ouest. Cette fente a quinze centimètres de largeur au sommet du Calvaire ; elle traverse perpendiculairement la chapelle d'Adam, située sous celle du Calvaire ; on la revoit à travers un petit grillage ménagé exprès. Une tradition touchante rapporte qu'Adam fut enseveli en ce lieu même, voici comment : Noé, avant d'entrer dans l'arche, prit avec lui les restes mortels du premier homme et les garda religieusement pendant la durée du déluge. A sa sortie de l'arche il les partagea entre ses fils, comme le plus précieux héritage qu'il pût leur laisser. Plus tard, Melchisédech reçut le chef d'Adam, l'apporta avec lui quand il vint fonder la ville de Salem, et le déposa dans une excavation du Calvaire.

Chapelle du Calvaire. Autel du Crucifiement.

D'après cette très ancienne tradition, le choc du tremblement de terre, fendant le rocher du Calvaire comme un morceau d'étoffe, traversa l'excavation où était le crâne d'Adam, en sorte que le sang du Sauveur coula sur la première tête coupable et régénéra cette semence en l'arrosant. Cette opinion a pour elle de grands docteurs : saint Augustin, saint Ambroise et d'autres. C'est de là qu'est venu le nom de Calvaire, d'abord Crânion (lieu du crâne), et l'usage de placer ordinairement un crâne au pied du crucifix.

Je continue la visite de la chapelle du Calvaire. Tout près de la fente miraculeuse se trouve le petit autel latin du *Stabat*. C'est là que la divine Mère se tenait debout devant la croix et qu'elle reçut dans ses bras le corps de son Fils pour l'embaumer. Il est pauvre, hélas! ce petit autel; il n'a pour tout ornement qu'une belle peinture sous verre, représentant la scène de la treizième station.

L'autel de la Crucifixion, où Jésus-Christ se laissa attacher à la croix, est à côté. Un petit carré en mosaïque indique l'endroit précis où la croix fut couchée par terre, tandis qu'on y clouait la sainte Victime. Le lieu de la dixième station, où le Christ fut dépouillé de ses vêtements, se trouve à l'entrée de la chapelle près de l'escalier. On a pratiqué dans le mur une fenêtre grillée qui donne vue sur la chapelle de Notre-Dame-des-Sept-Douleurs, située plus bas, à la place qu'occupaient la sainte Vierge et saint Jean pendant que les bourreaux attachaient le Sauveur à la croix.

En descendant du Calvaire et avant de sortir de la basilique, nous passons auprès de la pierre de l'Onction, qui appartient à toutes les communions diverses; de grosses lampes en verre dépoli y brûlent continuellement.

Casa-Nova, dimanche soir.

Ce soir nous avons eu un grand dîner de pèlerins sous la tente, comme en Samarie : le Père Bailly nous avait conviés devant la vaste hôtellerie de Notre-Dame-de-France. Le consul, M. Ledoulx, qui présidait, nous adressa un discours superbe. Il nous parla des œuvres catholiques d'Orient, créées et soutenues par notre patrie : ce fut un tableau magnifique, fait de main de maître ; il nous recommanda vivement de soutenir ces œuvres par notre générosité et par une sorte d'apostolat que nous devrons exercer à notre retour en France. Mais la première œuvre qu'il nous a signalée, c'est l'achèvement de l'hôtellerie, dont les grands murs s'élèvent devant nous, et qu'il regarde comme excessivement importante, au point de vue de l'influence française.

On porta des toasts au consul, à la France, aux pèlerins; cette petite fête nous retint jusqu'à une heure avancée de la soirée.

A l'heure qu'il est, rentrée à Casa-Nova, j'écris vite mes notes, et nous bouclons nos bissacs afin de partir demain en excursion au Jourdain. On se presse de faire cette campagne afin d'être rentré à Jérusalem pour jeudi, fête de l'Ascension. Nous avons le vif regret de partir sans mon frère; un accès de fièvre, heureusement sans gravité, l'a forcé à garder la chambre : les fatigues d'un tel voyage et la chaleur torride qui règne auprès de la mer Morte seraient à redouter pour lui. Beaucoup de personnes subissent ainsi pendant quelques jours le contre-coup des fatigues de Samarie et l'épreuve du climat.

Le programme des intrépides consiste à visiter Jéricho, le Jourdain, la mer Morte et le couvent de Saint-Sabas. Ce sera le nôtre, bien entendu.

XV

JÉRICHO

Béthanie, lundi 7 mai.

Ma sœur et moi, montagnardes brisées à toutes les fatigues, nous faisons partie d'un groupe composé d'une vingtaine de dames et d'une centaine d'hommes sous la direction de Morcos et de deux drogmans. A midi, nos chevaux nous attendent près de la porte de Damas.

Vite on monte en selle, et nous contournons les murailles de la ville jusqu'à la funèbre vallée de Josaphat. Nous gravissons le mont des Oliviers par la gorge étroite qui le sépare du mont du Scandale, et nous arrivons bientôt sur la hauteur, d'où l'on a une admirable vue d'ensemble sur Jérusalem. Un peu plus loin, c'est le panorama splendide des montagnes de Judée qui se déroule sur le versant oriental.

Cachée dans un repli du mont des Oliviers, voici Béthanie, où j'écris ces notes pendant une petite halte près du tombeau de Lazare. Béthanie! ce nom si doux est parfumé encore de la présence du Sauveur et de sa grande amitié pour la noble famille qui le recevait. L'Évangile prononce si souvent ce mot : « Et Jésus se retira à Béthanie, » qu'il nous est permis de deviner et la joie des hôtes et le repos plein de sérénité que le Maître trouvait près de ses amis après les fatigues de son apostolat.

« Et Jésus aimait Marthe, et Marie sa sœur, et Lazare, » dit encore l'Évangile. Cette parole nous laisse entrevoir une vie d'intimité, des mystères de paix et de bonheur qui ne sont plus de ce monde. Cette pauvre Béthanie! elle a maintenant la tristesse d'une fleur desséchée, mais fleur encore, et le poignant souvenir d'un bonheur évanoui.

Elle est tout en ruines; quelques pans de murs écroulés, quelques huttes sauvages, servent d'abri à de misérables familles musulmanes; on y voit encore les ruines de la maison de Simon le lépreux, chez qui Madeleine répandit des parfums sur la tête du Seigneur. Un peu plus loin, celles de la maison des amis de Jésus; mais surtout le tombeau de Lazare, dans lequel je viens de pénétrer, une bougie à la main. Un obscur escalier de vingt-quatre marches conduit dans une grotte souterraine, pratiquée dans le rocher, et qui se compose de deux chambres carrées. Dans la première, se trouvait Jésus quand il ressuscita Lazare; la seconde, plus basse de quelques marches et plus petite, renfermait le mort.

On assiste par la pensée à l'émouvante scène : Jésus, attendri par les larmes de Madeleine, frémissant en lui-même, hâte ses pas pour consoler ceux qu'il aime par un prodige inattendu. Il entre dans le caveau : depuis quatre jours le cadavre est là, il répand déjà une odeur fétide. D'une voix haute et puissante Jésus commande au mort : « Lazare, sors dehors! » Lazare sort à l'instant, couvert des bandelettes dont on enveloppait les corps en Orient. « Déliez-le, dit le Maître, et laissez-le aller. »

Toute cette scène est inimitable. Tout y est beau, d'une beauté sobre et vibrante.

Mgr Bougaud, d'illustre mémoire, à propos de ce miracle écrivait ces mots dans sa *Vie de Jésus-Christ :* « L'humain et le divin se confondent harmonieusement et nous font voir dans un seul acte la totale beauté du Christ. Il est homme, en effet, vrai homme par les joies, les inquiétudes, les troubles et les tendresses de l'amour. Mais en même temps il est Dieu, et l'amour arme son bras de toutes les forces divines. »

Ma méditation menace de se prolonger trop longtemps; c'est que, dans la simplicité, la nudité de ce caveau, la scène vous « empoigne » comme si elle se passait encore. Mais les chevaux piaffent à l'entrée, le frère Liévin nous rappelle à l'ordre: il faut remonter à cheval, car l'étape sera longue.

A cheval, deux heures.

Mon cheval est bon : il a le pas doux, le trot rapide; sa robe de satin blanc reluit au soleil ; il m'emporte, léger comme le zéphir. Celui d'Isabelle, qui est beau aussi, paraît d'humeur fantasque : il a des soubresauts, des velléités de ruades légèrement inquiétantes.

Nous passons près de la pierre du Colloque. Jésus était assis sur cette pierre quand Marthe vint lui annoncer la mort de son frère et eut avec lui l'admirable colloque rapporté dans l'Évangile.

Non loin de là, se déroule à nos yeux un paysage fantastique. Les montagnes de Juda, étagées jusqu'à la plaine du Jourdain, nous apparaissent arides, mornes, brûlées. Pas une herbe pour rafraîchir le regard, pas un ruisseau pour égayer ces solitudes. A l'horizon se déploient les grandes chaînes de Moab et d'Ammon, qui sont déjà les montagnes d'Arabie. A leur pied coule le Jourdain et se repose la mer Morte, bleue et immobile.

Nous descendons continuellement par des chemins en casse-cou, car Jéricho se trouve à mille mètres au-dessous de Jérusalem. Les jambes de nos chevaux font une gymnastique inouïe : elles se plient à toutes les inégalités du terrain. Le cheval arabe est merveilleux, son jarret est si souple et si solide! Son sabot, étroit comme celui d'une chèvre, se tient parfois accroché par un rien, par une arête de rocher; à peine s'il s'appuie, soudain il bondit et retombe sur ses quatre pieds. Dieu l'a créé exprès pour ces pays et pour ce climat.

Voici la fontaine des Apôtres, appelée dans la Bible fontaine du Soleil. L'eau en est bonne; mais il faut, avant de la boire, la passer dans un linge pour enlever les petites sangsues qui s'y trouvent quelquefois et qui sont très dangereuses, car elles s'attachent au gosier de l'homme ou à celui du cheval, et, comme elles grandissent très rapidement, il y a bientôt à craindre de fortes hémorragies et l'étouffement.

Quatre heures de l'après-midi.

Eh bien! j'ai lieu de féliciter mon pur sang de son escapade. Quant à Isabelle, elle est à jamais brouillée avec le sien. N'ont-

Béthanie.

ils pas voulu nous faire baiser terre, les scélérats! J'en ai presque la chair de poule. Tout à coup, sans préparation aucune, car c'est toujours ainsi que cela arrive, nos deux chevaux prennent le mors aux dents. Les voilà qui filent comme des balles. Celui d'Isabelle suit la grande route, et le mien s'élance à travers champs; il bondit par monts et par vaux, franchit des ravins, grimpe des talus qu'il redescend aussi vite, respire bruyamment et m'emporte avec rage : point de limites à son ardeur. Allons-nous de ce pas escalader tous les monts de Juda? J'en ai la crainte un moment. Cramponnée à la bride, je finis par modérer ma cavale furibonde et lui fais faire demi-tour; mais que vois-je, juste ciel! Isabelle, lancée comme une locomotive sur la route, son ombrelle retournée en tulipe, son chapeau sur l'oreille et les cheveux dans le dos! A chaque seconde je la crois par terre; mais non, elle se tient bravement, et arrive dans cet appareil près de quelques pèlerins qui chevauchent à l'avant-garde; aussitôt son cheval s'arrête tout net. Ah! certes, Job n'en avait point trop dit en décrivant le cheval arabe : « Il écume, il frémit, il dévore la terre; la trompette sonne, il dit: Allons! » Si la trompe de M. de Piellat avait sonné tout à coup, grand Dieu! nous aurions mordu la poussière, c'est certain.

Je rejoins Isabelle, à une allure plus modérée cette fois, et la trouve bien décidée à échanger son trop fougueux coursier contre une monture plus rassurante. Le frère Santiago est assez aimable pour lui donner son cheval, et nous voilà reparties plus tranquilles.

Nous faisons halte au lieu où l'Évangile place la parabole du bon Samaritain : « Un homme descendait de Jérusalem à Jéricho, et il tomba aux mains des voleurs. » Il y avait ici, dès les temps les plus reculés, une hôtellerie destinée à recevoir les voyageurs et une forteresse gardée par un piquet de soldats pour les défendre contre les voleurs, qui abondaient dans ce pays affreusement désert. On en voit encore quelques ruines, des arcs en plein cintre et des débris fort curieux.

Après cette halte, le paysage que nous parcourons prend un air de désolation extrême : les gorges deviennent étroites, les montagnes s'accumulent, arrondies au sommet, formant entre elles de vastes cirques dénudés. On croirait voir les montagnes de la lune. La lumière, qui luit étrangement sur ces monts roussis, les fait de plus en plus ressembler à un paysage lunaire, du moins d'après les observations de quelques astronomes plus ou moins lunatiques et d'après l'idée que je me fais de la blonde Phœbé.

Oued-el-Kelt, cinq heures et demie.

Quel pays étrange! quelle solitude! J'arrête mon cheval, devenu plus traitable, et je plonge mon regard dans le gouffre qui s'ouvre devant nous. C'est un précipice effrayant, une crevasse gigantesque dans le flanc des montagnes, appelée l'Oued-el-Kelt. Au fond, tout au fond, mugit à certaines époques de l'année un torrent maintenant desséché : c'est le Nahr-el-Kelt. Les rochers droits sur l'abîme sont perforés de trous béants, autrefois habités par des moines. Dans la saison des pluies, le torrent fertilise ses bords nus et les couvre de verdure et de fleurs. C'est le Carith de la Bible, où, par l'ordre de Dieu, le prophète Élie se cacha et fut nourri par un corbeau.

Au-dessus de cet abîme sillonné par le Nahr-el-Kelt, il y a un antique couvent, accroché comme un nid d'aigle aux parois rocheuses. Avec les grottes d'alentour, il formait une fameuse laure, renommée par la sainteté des ermites. Abandonnée pendant sept siècles, elle fut occupée de nouveau, en 1880, par des religieux grecs non unis.

Plaine de Jéricho, six heures.

Nous venons de descendre un dernier casse-cou : l'Akbat-er-Rihha, c'est vertigineux! et nous voici au niveau du torrent. Je viens de rencontrer le frère Liévin, qui fumait tranquillement sa pipe sur son beau cheval gris. Nous parlons des solitudes que nous venons de traverser.

« Qu'elles sont belles! lui dis-je; on a envie d'y rester.

— Ah! dit-il en me regardant de ses yeux perçants, vous aimeriez à demeurer ici?

— Certainement, mon frère, répondis-je en souriant; j'y resterais volontiers, et sans doute quelques autres femmes aussi. Et vous, ne le feriez-vous pas? vous seriez notre supérieur.

— Eh bien, dit-il, on pourrait dans deux ans nous conduire tous deux à Charenton. »

Je ris de bon cœur.

« Comment, mon frère, cela vous rendrait fou ?

— Et vous aussi, car c'est très mauvais de vivre dans la solitude.

— Et pourtant, dis-je en continuant ma pointe, bien des femmes se retiraient jadis dans le désert.

— C'est qu'elles étaient folles.

— Mais les saintes, mon frère?

— Oui, oui, les saintes, c'est autre chose, dit-il en branlant la tête; mais il y en a peu, des saintes! Tenez, je vais vous raconter une histoire. Il y a quelques années, une jeune fille russe schismatique se mit dans la tête, par dévotion, de vivre seule dans cette Thébaïde de l'Oued-el-Kelt. Elle s'était installée dans une caverne au-dessus du précipice; impossible d'y monter autrement que par une échelle de corde, et toujours elle retirait l'échelle. Jamais un être vivant ne pénétrait dans cette grotte; les provisions qu'on lui apportait étaient déposées dans un panier qu'elle montait elle-même au moyen d'une corde. Tout cela dura un certain temps; mais, un beau jour, trois ou quatre Arabes trouvèrent bien le moyen de monter sans échelle, et voilà que la jeune Russe ne fit pas mine de se sauver : quelques jours après ils s'enfuirent ensemble. Voilà l'histoire.

— Ah! mon frère, quelle bonne leçon pour ceux qui désirent se faire ermites! »

Et je riais bien de la façon originale dont il m'avait raconté ce petit roman.

Nous traversons une immense plaine parsemée de petites broussailles. J'aperçois au loin une sorte d'oasis couverte de magnifiques palmiers et d'une végétation abondante; on me dit que c'est Jéricho. Le soleil va se coucher; notre caravane, toute dispersée dans la plaine, pénètre peu à peu dans l'oasis; mais nous n'y trouvons point de ville. Quelques tentes de Bédouins, disséminées çà et là, quelques cabanes délabrées qui abritent trois cents habitants de l'aspect le plus sauvage : voilà ce qui reste de l'antique Jéricho. Certes, la « ville des Palmiers » semble bien déchue de sa primitive beauté. La végétation luxuriante qui l'entourait jadis a disparu en partie; la belle forêt de dattiers et de palmiers qui lui a valu son nom n'existe plus, et maintenant on l'appelle Rihha.

On voit encore, il est vrai, aux alentours beaucoup de petits arbustes, principalement le *doüm,* qui produit une sorte de cerise blanche; le *zakkoum,* dont le fruit donne une huile jaunâtre, employée pour la guérison des blessures; peut-être est-ce le baume tant vanté par l'historien juif; puis le fruit appelé vulgairement pomme de Sodome, qui est une petite boule jaune; à sa maturité elle se crispe, devient noire et comme remplie de cendres.

J'ai beau chercher partout la fameuse rose de Jéricho, qui ressemble à un peloton de ficelle, je ne la trouve pas: je ne vois ici que la rose ordinaire, mais magnifique de grosseur. La vigne atteint aussi des proportions gigantesque : nous avons vu un cep âgé de quarante ans, qui mesurait 2m30 de circonférence, et qui porte jusqu'à quinze cents kilos de raisin par an. C'est fabuleux; mais la fertilité du sol est tellement merveilleuse, qu'il ne faut s'étonner de rien. Le climat y est très doux et les eaux très abondantes; si les indigènes ne cultivent guère, c'est à cause des Bédouins, qui viendraient dévaliser leurs récoltes. Le Bédouin m'a bien l'air du suzerain des déserts : tout ce qui pousse, croît, vit sur ces terres, lui appartient de droit ou de force. N'est-il pas des peuples très civilisés qui font bien pis? ils usurpent le pouvoir de pénétrer dans cette terre autrement réservée, ce « jardin fermé » de la conscience, et s'arrogent des droits sur un terrain dont Dieu seul est le maître.

Si nous sommes à l'abri des attaques des Bédouins, c'est de par la grâce du grand cheik, avec lequel on a passé un compromis à prix d'argent. Nous avons même une escorte de quelques Arabes, demi-bédouins, demi-soldats, qui accompagnent les voyageurs, comme garantie de l'engagement contracté avec les Bédouins des montagnes.

Jéricho, onze heures du soir.

Nous voici installées en trio dans une bonne chambre, Mme M***, Isabelle et moi. Il y a une hôtellerie russe assez passable à Jéricho, dans laquelle nous avons gîte, tandis que quelques pauvres pèlerins se morfondent sous la chaleur des tentes. Pour chaud, il fait chaud; nous sommes à deux cents mètres au-dessus de la mer, et, selon les lois ordinaires, le thermomètre monte à mesure que l'on descend. Notre chambre est une étuve, nous pressentons une nuit blanche, malgré les moustiquaires qui entourent nos lits et les courants d'air que nous avons établis.

Nos amis de Tibériade, avec ce mélange de simplicité et de liberté qui fait le charme du pèlerinage, nous invitent à passer la soirée avec eux. Mlle de Lyon se joint à nous, et nous causons gaiement jusqu'à onze heures du soir. A cette heure indue, nous rentrons dans nos cellules. Depuis notre fenêtre, on aperçoit les feux allumés par les moukres qui dorment à la belle étoile et combattent ainsi l'humidité des nuits. On entend le bruit des chevaux qu'on étrille pour le départ matinal du lendemain. Je me penche et regarde : le ciel profond est tout étoilé, la Grande Ourse brille, et Jupiter nous envoie sa lumière douce et bleue; on les voit aussi depuis la France, et voilà que mon cœur file là-bas... Ma sœur m'appelle, je sors d'un rêve. Suis-je vraiment à Jéricho? cette fameuse Jéricho, qui m'apparaissait dans mon imagination enfantine comme une belle ville en cristal. Songez donc, uue ville qui s'écroule au bruit des trompettes devait être une ville bien fragile et bien belle!

C'était en 1545 avant Jésus-Christ. Josué s'emparait de cette capitale, et, après l'avoir détruite, il lançait des malédictions terribles contre celui qui essayerait de la rebâtir. Un homme, appelé Hiel de Béthel, osa l'entreprendre; mais l'effet des malédictions se fit bientôt sentir sur lui et sur les siens. Jéricho désormais ne fut plus qu'une petite bourgade sans cesse pillée, détruite et rebâtie. Il n'en reste maintenant, comme je l'ai déjà dit, que des amas de pierres et quelques cabanes. Cependant les Russes y ont construit cette maison où nous sommes, et déjà une brave famille catholique vient de s'y établir, celle d'Abèche le drogman.

XVI

LE JOURDAIN. — LA MER MORTE. — MONT DE LA QUARANTAINE

Sur les rives du Jourdain, mardi 8 mai.

Quel magnifique départ ce matin! Je ne l'oublierai de ma vie. Le branle-bas sonnait à trois heures; une heure après nous étions en route sous un ciel tout brillant d'étoiles, infiniment plus transparent que celui de nos pâles nuits d'été. Un calme profond régnait dans la campagne; quelques lumières, restes des feux de la nuit, éclairaient faiblement notre camp. On y voyait juste assez pour ne pas se tromper de cheval, et peu à peu les cavaliers à la file l'un de l'autre se perdaient dans l'ombre.

A cette lueur mystérieuse qui descend des étoiles, à celle que verse le croissant de la lune incliné sur les montagnes d'Arabie, de grandes pensées nous envahissent l'esprit. Nous sommes au cœur de cette plaine célèbre où les Israélites entrèrent avec tant de joie, puisqu'elle était la Terre promise attendue depuis si longtemps.

Que de fois aussi Notre-Seigneur a traversé ce même désert, soit pour guérir quelque malade au loin, soit pour rejoindre Jean sur les bords du Jourdain, et se retirer ensuite dans la retraite et le jeûne sur le mont de la Quarantaine, que nous voyons se dessiner à l'horizon dans les monts de Juda! Que de scènes bibliques et évangéliques se sont déroulées là!

Notre caravane défile dans la nuit; on chevauche en silence, recueilli, priant, car on n'a pas eu le temps de dire sa prière du matin. Tout d'un coup des gerbes de flammes s'élancent derrière les montagnes de Moab, comme une torche qu'on allume; tout s'empourpre à l'instant, et le soleil paraît presque sans aurore. Derrière nous, Juda baigne dans une lumière rose et bleue, qui se dore et s'accentue davantage; Moab, violet foncé, tranche en sombre avec sa ligne uniforme sur le ciel illuminé. Quel pinceau pourrait rendre la magie de cette couleur? La pureté de l'atmosphère est si grande en Orient, que c'est moins de la lumière répandue dans l'air, que l'air lui-même qui devient lumière. N'est-ce point le symbole de cette pure lumière qui traversa tant de fois le désert? Humble et douce à sa naissance, elle enveloppa bientôt le monde entier de ses rayons. « Salut, lumière sacrée, fille aînée du ciel, ou plutôt co-éternel rayon de l'Éternel, ne puis-je pas te nommer ainsi? Dieu est la lumière, et de toute éternité il n'habite jamais que dans une lumière inaccessible. Avant le soleil, avant les cieux, tu étais, et lorsque la voix de Dieu, arrachant le monde aux abîmes de l'onde ténébreuse, l'eut conquis sur le vide immense et informe, tu couvris le monde de ton éclat comme d'un manteau [1]. »

Le soleil monte. C'est au tour de Moab de se couvrir de cette pourpre lumineuse, tandis que Juda perd la finesse de ton par un éclat plus vigoureux et violacé maintenant. La chaleur monte avec le jour, et au bout de quatre heures de marche nous sommes bien heureux d'arriver au Jourdain.

C'est près de ce beau fleuve que j'écris : je quitte mes pinceaux pour mon crayon, car j'avais eu le courage d'apporter ici une petite boîte à couleurs, et j'ai pris un croquis. On a dressé quelques tentes pour dire les messes, et en ce moment plusieurs baigneurs se plongent dans les ondes. Le Jourdain coule entre deux rives fleuries, et si Chateaubriand a pu dire qu'il ressemble à du sable mouvant et qu'il traîne ses eaux à regret, c'est qu'il l'a vu seulement près de son embouchure dans la mer Morte, au milieu d'une plaine aride et desséchée [2]. Ici la fraîcheur et la fertilité qui entourent ce beau fleuve l'ont fait appeler l'Éden de la Palestine. Jadis c'est lui qui fertilisait cette immense plaine, comme le Nil le fait encore pour l'Égypte. Ses inondations, au moment de la fonte des neiges du Liban, obligeaient les habitants primitifs à bâtir leurs villes sur le penchant des montagnes. Encaissé dans une double bordure verdoyante, il coule rapide comme un torrent,

[1] *Paradis perdu*, livre III.

[2] Chateaubriand n'a pu s'approcher de l'endroit où nous sommes, à cause des Bédouins qui étaient embusqués dans les broussailles, tandis que son escorte était insuffisante pour les affronter.

tant sa pente est accentuée : deux cent cinquante mètres depuis Tibériade. La vase qui en fait le fond, continuellement remuée par ce courant, trouble les eaux et leur donne une couleur jaunâtre et boueuse. A sa sortie du grand Hermon, il n'est qu'un faible ruisseau; il grossit peu à peu et atteint, à l'endroit où nous sommes, une largeur de soixante à soixante-dix mètres et une profondeur de cinq. Après un parcours de trente lieues, il se jette dans la mer Morte, où il verse sept millions de tonnes d'eau par jour.

Que de choses merveilleuses à raconter de ces rives sacrées! C'est ici même, au milieu de cette verdure argentée, que Notre-Seigneur fut baptisé. Il venait de la Galilée vers ce Jourdain où Jean baptisait, et quand il fut arrivé devant son Précurseur, celui-ci, confondu de tant d'humilité, lui dit ces paroles : « C'est moi qui devrais être baptisé par vous, et vous venez à moi! » Mais Jésus lui répondit : « Laisse maintenant, car c'est ainsi qu'il convient que nous accomplissions toute justice. » Alors Jean n'insista plus, et Jésus descendit dans l'eau. Tout à coup les cieux s'ouvrirent, l'esprit de Dieu descendit en forme de colombe, et une voix s'écria : « Celui-ci est mon Fils bien-aimé, en qui j'ai mis mes complaisances. » Ce jour-là les eaux furent sanctifiées : le Jourdain, jusqu'alors fleuve simplement célèbre, devint fleuve sacré.

Fleuve célèbre, il l'était depuis longtemps déjà. Quand les Israélites entrèrent dans la Terre promise, il s'entr'ouvrit sous leurs pas. En présence de l'arche sainte, les eaux se séparèrent : les unes refluèrent vers leur source et grossirent comme une montagne, tandis que les autres s'écoulaient dans la mer Morte : *Mare vidit, et fugit; Jordanis conversus est retrorsum.* Quels chants d'allégresse éclatèrent en cet instant! Avec quels transports de joie les filles d'Israël prirent leurs instruments de musique : les cymbales, les harpes harmonieuses, les luths, et chantèrent sur le tympanum le cantique de Marie, sœur d'Aaron, après le passage de la mer Rouge : « Chantons un hymne à la gloire du Seigneur, parce qu'il a fait éclater sa grandeur et qu'il a précipité dans la mer le cheval et le cavalier. » Il semble voir encore les douze tribus ramassant douze pierres dans le lit du fleuve, pour en dresser un autel au Seigneur et lui sacrifier des holocaustes.

Que sont devenus ces chants joyeux, ces hymnes de triomphe, ces holocaustes pacifiques? Hélas! les filles de Sion, si joyeuses en ce temps-là, pourraient aujourd'hui venir gémir et pleurer sur le rivage leur grande nation tombée. O filles de Sion, suspendez maintenant vos lyres aux branches de ces saules, revêtez-vous de vêtements de deuil, et répétez en pleurant cette triste mélopée : *Super flumina « Jordanis » illic sedimus, et flevimus cum recordaremur Sion.*

Plus tard, des siècles plus tard, Élie s'approcha de ce fleuve, divisa les eaux en les frappant de son manteau, passa à pied sec avec son compagnon Élisée, et fut emporté au ciel dans un char de feu. Son manteau tomba; Élisée, l'ayant ramassé, voulut à son tour frapper le fleuve pour se rouvrir le passage; mais les eaux ne se séparèrent point. Alors Élisée dit : « Où est maintenant le Dieu d'Élie? » Et, frappant une seconde fois, les eaux lui obéirent.

Le frère Liévin, qui nous parle de toutes ces choses merveilleuses, ajoute encore que de pieux cénobites vinrent habiter ces rivages aux premiers siècles du christianisme. Sainte Marie l'Égyptienne, après une pénitence héroïque de quarante ans, mourut sur ses bords ; Dieu envoya saint Zozime pour l'assister à ses derniers moments, et un lion pour creuser sa tombe.

La chaleur devient forte, on parle déjà de départ; cependant on se sent tout rafraîchi sur ces bords enchanteurs. Une végétation luxuriante, dans laquelle ramagent d'innombrables oiseaux, se déploie autour du fleuve; les légers feuillages frissonnent sous la brise, des arbres presque semblables aux nôtres trempent leurs branches dans l'onde et mêlent leurs tons dorés à l'argent des oliviers et des saules; on se croirait presque transportés sur les bords de la Marne. Mais le désert qui nous entoure, et que nous allons traverser, me rappelle à l'Orient; le soleil est brûlant, la réverbération intense. Vite, plions bagage, et adieu ! adieu !

O rives du Jourdain, ô champs aimés des cieux,
Sacrés monts, fertiles vallées
Par cent miracles signalés,

Vous que je contemple avec tant de bonheur, adieu !

Mer Morte, dix heures du matin.

La mer maudite est sous mes yeux. Elle est d'une beauté éblouissante. Ses eaux, d'un bleu intense, le bleu du saphir, sont limpides comme le cristal et calmes comme la mort !

Nous avons traversé, pour y arriver, un terrain craquelé, semblable à de la vieille faïence, couvert çà et là de maigres touffes de bruyères, puis une plaine entièrement nue. La mer Morte est encaissée dans les montagnes rosées de Moab et de Juda: on dirait une grande coupe bleue dont les rebords sont roses. C'est, en effet, la coupe de la colère divine versée sur les villes coupables. Si la malédiction fut terrible, elle a laissé une impression de grandeur sauvage à tout ce pays. C'est si dénudé tout autour, qu'il semble que la vie s'en est retirée; c'est morne, lugubre et grand. Il devait en être ainsi aux premiers jours du monde, après la création de la lumière, de cette lumière qui embellit tout, même la désolation suprême de ces contrées. L'éclat incomparable de cette mer d'huile, immobile dans cette solitude, donne une impression de lugubre beauté. Dans ses profondeurs calmes reposent les cinq villes maudites. Un éternel silence plane sur ces régions; la vie a fui, et l'homme n'oserait s'y asseoir longtemps. Pas un oiseau ne vole sur ce lac empesté, pas un poisson dans cette eau de pétrole, pas une barque sur ces flots alourdis, pas une herbe sur cette rive sèche et fendillée.

Nos pauvres chevaux assoiffés approchent leurs naseaux brûlants et les retirent bien vite de ce breuvage amer. Isabelle et moi y entrons jusqu'aux genoux. L'eau est chaude, mais moins que l'air; elle atteint 20 à 28 degrés à sa surface, tandis que nous jouissons de 55 à peu près sous le soleil. J'en remplis une petite fiole et en porte à mes lèvres, mais je la rejette aussitôt, tant elle est affreusement caustique, composée qu'elle est de soude, de chlore, de potasse et autres substances méphitiques. Elle contient l'énorme proportion de vingt-cinq pour cent de matières salines, tandis que la Méditerranée n'en contient que quatre pour cent. Les cailloux du fond se voient à merveille dans cette eau lourde mais limpide; nos mains semblent huileuses, et le linge qui nous essuie ne peut sécher même au soleil[1].

On a peine à se figurer, à la place de ce grand miroir bleu, une plaine fertile, appelée jadis la « vallée du Bois », qui était arrosée de toutes parts par le Jourdain. Les cinq villes de la Pentapole s'étalaient sur le versant des collines maintenant submergées. Il est probable qu'alors le Jourdain se jetait dans

[1] L'eau de la mer Morte est inaltérable et se conserve parfaitement. Celle du Jourdain, au contraire, se corrompt très vite, si l'on n'a soin de la faire bouillir avant de la renfermer dans une bouteille.

la mer Rouge, tandis qu'aujourd'hui il se perd dans le lac Asphaltite. La formation de ce lac vient sans doute de ce que plusieurs puits de bitume, qui existaient dans cette plaine, se mélangèrent à la pluie de feu et de soufre qui tomba sur les villes coupables. Peut-être Dieu permit-il une violente commotion volcanique qui engloutit la Pentapole dans un immense embrasement. Peut-être aussi les maisons de ces

Cheik bédouin.

villes étaient-elles construites en pierres bitumeuses qui s'enflammèrent facilement. Cette explication, trouvée ingénieusement par quelques écrivains, afin d'aider un peu au miracle, n'est pas contraire au récit de la Genèse; mais il n'en est nul besoin. Dieu, qui a châtié l'Égypte entière par dix plaies effrayantes, a pu faire tomber une pluie de feu et de soufre sur cinq villes criminelles. Lui qui a facilement creusé l'abîme des mers pouvait ensevelir sous un tombeau liquide et impénétrable les victimes de sa juste colère.

Ce lac étrange a une longueur de dix-huit lieues, une largeur de cinq et une profondeur de quatre cents mètres. Comme la dépression de son bassin est très remarquable, et que nous sommes au lieu le plus bas du globe qui puisse être habité par l'homme (quatre cents mètres au-dessous de la mer), l'élévation de la température correspond à cet affaissement du sol. En été on y respire une atmosphère embrasée, aujourd'hui elle est relativement très supportable.

L'évaporation du lac est puissante; mais le soleil ne pompe pas toute l'eau qui lui est apportée soit par le Jourdain, soit par les torrents de Cédron, Callirrhoé, Arnon, etc., et comme elle n'a point de déversoir, cette mer tend plutôt à s'agrandir; quelquefois même, pendant les pluies hivernales, la crue des eaux est très considérable.

Jéricho, une heure.

Nous voici de retour de notre magnifique expédition. A midi, on rentrait au bercail. Malgré le soleil brûlant, jamais je ne fis plus délicieuse galopade. La terre était plate, déserte, unie, et beaucoup d'autres, je crois, s'accordèrent le même plaisir. En tout cas, je rencontrai souvent, mais toujours en courant, un grand abbé, M. Couderc, qui monte à la perfection. Il ne fait qu'un avec son cheval; aussi sa haute taille, sa noble stature, le font ressembler à un vrai Centaure. Pour M. l'abbé Marie-Paul, je le vois partout : en avant, en arrière; il fait dix fois, je crois, le trajet que nous parcourons. Tout le monde n'est pas aussi bien monté que nous, car j'ai entendu tout à l'heure les soupirs de notre amie Mme M***.

Puis-je jurer, hélas! de n'en avoir poussé aucun? Non, car mon allure se ralentit tout à coup, ma selle se mit à tourner, tourner, autour du poitrail de mon cheval, et je fus fortement menacée de la suivre en ses évolutions. La position n'était plus tenable, et je descendis pour ragréer mon harnachement tant bien que mal. Je revins au petit pas, par prudence, d'autant plus que le sol devenait tourmenté en s'approchant de Jéricho : il est ravagé, travaillé par des bouleversements volcaniques qui l'ont soulevé en bouffissures de sable.

Isabelle, tranquillement assise dans notre chambre, m'attendait depuis une demi-heure. Elle avait piqué des deux dans la plaine, et sa jument grise, emportée par une ardeur inconnue jusqu'alors, avait franchi à fond de train la distance qui la séparait de Jéricho.

Trois heures.

Nous essayons de prendre un repos rendu impossible par la chaleur, les mouches et les moustiques. Fatiguée de cette lutte inutile, je prends mes pinceaux et monte sur la terrasse de notre hôtellerie, d'où l'on distingue très bien la nappe azurée de la mer Morte. En m'installant sur ce toit, je comprends la parole de Notre-Seigneur : « Prêchez sur les toits et les places publiques, » car le toit est un véritable appartement de la maison, d'où l'on respire l'air pur et un peu de fraîcheur le soir. Grâce à l'immobilité de l'Orient, les usages sont pour ainsi dire restés les mêmes, et à chaque pas l'Évangile reçoit son explication.

J'entends, au milieu de notre camp, le frère Liévin qui appelle les intrépides pour l'ascension du mont de la Quarantaine. Isabelle et Mme M*** sortent précipitamment de leur chambre, et moi je descends vite de mon toit, car nous voulons en faire partie; Mlle de Lyon s'adjoint à notre groupe, elle serait désolée de manquer une si périlleuse ascension.

Mont de la Quarantaine, cinq heures.

Quel précipice grandiose! On ne peut bien s'en faire une idée que depuis la sainte grotte où Jésus jeûna, et qui appartient aux Grecs schismatiques. Elle surplombe l'abîme; par les ouvertures qui lui donnent jour, on n'aperçoit que les parois du rocher, droites, polies, et le précipice sans fond. Au loin, une vue splendide s'étend sur la plaine et sur le Jourdain, jusqu'au pied de la chaîne d'Arabie. Jésus avait admirablement choisi le lieu de sa retraite et de sa prière.

Mais, pour que mon récit ait quelque suite, il faut que j'en revienne au départ de Jéricho. Nous passons d'abord près d'une colline de sable formée des décombres de l'ancienne capitale. Dans les fouilles qui furent pratiquées à cet endroit, on trouva des constructions en briques cuites au soleil, qui appartenaient évidemment à l'époque chananéenne.

Au bout d'une demi-heure, nous arrivons à la belle fontaine d'Élisée, qui arrose tout le pays. On sait que le peuple de Jéricho se plaignit un jour au prophète de ce que les eaux en étaient amères. Élisée prit du sel dans un vase neuf, et jeta ce sel dans l'eau en disant : « Voici ce que dit Jéhovah : « J'ai purifié cette eau, et la mort et la stérilité ne sortiront plus d'elle. » Elle devint aussitôt douce et agréable au goût, telle que nous l'avons savourée aujourd'hui.

Au bout d'une heure, la montagne de la Quarantaine se dresse tout près de nous, avec ses arêtes aiguës et ses flancs escarpés. Il faut mettre pied à terre pour l'escalader. Nous côtoyons le précipice en suivant un petit sentier creusé par les Grecs dans le roc vif. A chaque pas on rencontre des excavations jadis habitées par des anachorètes et par Élie, le premier de tous.

Jadis quelques-unes de ces cavernes servirent de demeure à sept vierges, retirées dans la solitude depuis leur tendre enfance; chacune avait sa cellule séparée, et quand l'une venait à mourir, la cellule devenait son tombeau virginal; elle était murée, et l'on en creusait une autre pour une vierge nouvelle. Nous passons près de ces tombeaux en gravissant l'escalier. Bientôt nous entrons dans une chapelle gardée par des moines grecs, qui offrent aux pèlerins quelques rafraîchissements moyennant bakchich. Plusieurs marches conduisent de là dans la vénérable grotte de Notre-Seigneur, toute remplie d'images grecques, et sur les murs nous apercevons encore les peintures anciennes dont elle était ornée au temps des moines catholiques. On prie bien dans cette grotte, où Jésus pria tant pour nous; ne voyait-il pas en pensée ceux qui viendraient un jour vénérer ici la trace de ses pas? Une impression de recueillement saisit l'âme: la nature a gardé si religieusement son souvenir! Ce roc est toujours le même que celui qui l'abritait, et nous voyons encore la pierre où il prenait son repas quotidien. Ce mont escarpé, ce précipice inaccessible, cette grotte sévère, furent les témoins de ses inconcevables austérités; tout cela parle éloquemment de Jésus pénitent, solitaire, affligé...

Nous ne pouvons monter jusqu'au sommet, où Satan transporta le Fils de Dieu pour le tenter. Il faudrait deux heures d'ascension, tant la montagne est escarpée; on est obligé de s'accrocher aux rochers et de se servir même d'échelles de cordes. De plus, le temps nous manque.

Nous nous hâtons de partir, afin d'arriver à Jéricho avant le coucher du soleil. Il faut s'arracher à ces profondes impressions, à ces touchantes pensées; mais le souvenir délicieux en restera inaltérable.

Il est, dans le livre de la vie, des feuillets qu'on voudrait retourner et relire; on aimerait renouveler ses joies, revivre son bonheur. Parmi les souvenirs de mon pèlerinage, le feuillet d'aujourd'hui est un de ceux que j'aimerai le plus à relire.

XVII

SAINT-SABAS

Jéricho, 9 mai.

On va partir, il est cinq heures du matin. Les uns retournent à Jérusalem directement. Nous autres les « vaillants », nous partons pour le couvent de Saint-Sabas, ce qui allongera la route de six heures. Nous ne sommes qu'une quarantaine, dont six femmes seulement, sous la conduite du frère Liévin. Nous allons remonter les fameuses descentes de l'Oued-el-Kelt, et nous nous séparerons des autres sur la route de Jérusalem.

En route pour Saint-Sabas.

Voici bien le plus âpre désert qu'on puisse traverser ; rien que montagnes rocheuses et nues à escalader, point de chemin, car on va au plus court dans ces défilés sauvages. Il me semble courir dans un monde fantastique, où l'on ne peut rien atteindre : c'est un mirage qui recule à mesure qu'on avance. Les montagnes reparaissent toujours plus serrées, comme les vagues pétrifiées d'une mer volcanique ; des lignes sur le ciel cru, et c'est tout. Une couleur uniforme répandue sur les montagnes rousses donne un aspect grand et biblique, mais profondément triste, à cette terre désolée. Ce pays n'a pas d'âge ; est-il jeune, est-il vieux? commence-t-il à vivre, ou est-ce un monde qui a vécu? car rien ne change ici, pas même les saisons.

Nous cheminons tous avec plus ou moins de fatigue ; Mlle de

Roumanie, que je rencontre, chevauche à califourchon comme une nouvelle Clorinde, le dos courbé par la fatigue, mais avec une indomptable énergie malgré ses chutes nombreuses.

« Prenez garde, lui dis-je, vous allez baiser les oreilles de votre cheval. »

Elle se fâche, puis se met à rire en piquant des deux. Le frère Liévin passe près de nous et semble peu soucieux d'admirer la nature.

« Quel triste pays, mon frère! lui dis-je.

— Je ne connais point de pays plus désolé au monde, répond-il d'un air sombre; il n'y a ici que des Bédouins et des serpents.

— Comment! il y a des serpents dans cette contrée? Mais on n'en voit aucun.

— Parce que les dernières pluies les ont fait rentrer sous terre; mais il ne faut pas désirer d'en rencontrer.

— Et les Bédouins habitent donc ce désert?

— Oui, vous avez vu tout à l'heure des pierres rassemblées en cercle. Eh bien! c'est la place d'un de leurs campements. »

Le pauvre frère ne semble point amusé de nous conduire à Saint-Sabas. Ce serait pourtant dommage de ne pas visiter ce pays étrange, qui semble appartenir à une autre période du monde.

Devant le Cédron, onze heures.

Après six heures de marche, nous arrivons devant une excavation gigantesque creusée par le lit du Cédron. Le roc s'est ouvert en hémicycle au milieu des éboulis de rochers, et me rappelle l'amphithéâtre en ruines du Colisée. C'est aussi grandiose et plus sauvage. Le silence règne ici, puisque le torrent est desséché ; seulement quelques oiseaux semblables à des hirondelles voltigent au fond du précipice.

Partout des trous noirs perforent le rocher nu : ce sont d'anciennes grottes d'ermites. Ces anachorètes étaient jadis perchés comme des passereaux solitaires dans les fentes du rocher, au nombre de mille. Quelle volée d'oiseaux!

A Saint-Sabas, midi.

Après avoir côtoyé l'abîme et monté à cheval un escalier taillé dans le roc par les Grecs, nous voyons tout à coup se dresser devant nous le magnifique couvent de Saint-Sabas, collé au rocher comme un formidable nid d'aigle. Nous mettons pied à terre devant la tour d'Eudoxie, sentinelle avancée de cette forteresse monastique, du haut de laquelle un moine veille continuellement sur tous les défilés des montagnes. Les femmes n'étant point reçues dans le couvent, nous nous dirigeons vers une autre tour, placée sur une petite éminence, un peu à droite du monastère. C'est la tour d'hospitalité des femmes, seul endroit où elles soient admises; mais le logement qu'on leur offre est si élevé, qu'il faut une échelle pour en atteindre la porte. L'échelle étant absente, nous nous contenterons de chercher un peu d'ombre sur un grand rocher adossé à cette tour.

Je suis arrivée ici avec ces dames; seules Isabelle et Mme M*** manquaient à l'appel. Inquiète, je cours au-devant d'elles; j'aperçois les deux amazones sur la route, escortées de quelques prêtres, qui reviennent assez lentement. Ma sœur a fait une chute, heureusement sans gravité; sa monture s'est aplatie des quatre pieds sur une pierre glissante, et l'a désarçonnée. Je me repens bien d'avoir pris les devants; mais, à l'heure qu'il est, elle est remise de ses émotions et a repris toute sa gaieté.

Nous sommes fort gaies, en effet, et nous nous accommodons très bien toutes les six d'être ainsi abandonnées dans cette Thébaïde. Nous allons prendre notre petit repas, moelleusement installées sur le gros rocher; Aïssa nous sert de maître d'hôtel et d'échanson. Il étend par terre un tapis plus ou moins de Turquie, pour que nous y fassions confortablement la sieste. Il est nécessaire de sacrifier quelque peu au sommeil par cette grande chaleur, et je vais lui consacrer une heure au moins.

Saint-Sabas, deux heures.

Enfin je suis éveillée! Je me frotte énergiquement les yeux et tire mon crayon. Isabelle, assise sur son tapis, écrit déjà ses notes. Nos compagnes dorment profondément. Soudain j'entends un ronflement sonore qui me fait penser à l'éclat des trompettes de Jéricho; je me retourne avec un soubresaut, et je vois notre brave Aïssa, étendu dans un coin et plongé dans la plus douce quiétude. C'était un ronflement d'Arabe!

Pendant que tout le monde dort si bien autour de nous, moi je rêve tout éveillée, et quel plus beau sujet de rêverie que ce pittoresque couvent qui s'étage devant nous tout le long des rochers! Bâti par saint Sabas au ve siècle pour y abriter quatre mille ascètes, il est bien la plus étonnante création de l'austérité érémitique qu'on puisse imaginer. Il forme un dédale de constructions singulières, un assemblage de mille cellules serrées les unes contre les autres, soutenues comme des balcons par des piliers de bois au-dessus de l'abîme. On dirait les alvéoles d'une grande ruche. De temps en temps, des murs se dressent au milieu pour protéger la fragilité de ces nids. Jadis un peu d'eau et quelques provisions grossières, renouvelées seulement de temps en temps, servaient à soutenir le corps des ascètes, tandis que l'âme, dégagée des soucis matériels, éloignée des affaires humaines dans ces escarpements sauvages, prenait un essor plus libre vers le ciel.

A présent le couvent est presque solitaire, quarante moines grecs schismatiques y mènent une vie austère; mais qu'est-ce que cela à côté des milliers d'anachorètes qui peuplaient ces solitudes au temps de saint Sabas?

Les schismatiques et dissidents de tous pays ont toujours eu le talent de s'emparer des œuvres faites par les autres : semblables au coucou qui, dit-on, ne fait jamais de nid, mais s'installe audacieusement dans celui d'un autre oiseau pour y abriter sa couvée. Ne se sont-ils pas établis de cette façon dans un grand nombre de couvents et de cathédrales catholiques? Saint-Paul à Londres, la cathédrale de Bâle, Sainte-Sophie à Constantinople, etc. Mais en terre sainte surtout ils s'étendent comme une tache d'huile; Saint-Sabas devait les tenter; ils n'ont pas manqué à leurs habitudes en s'emparant d'un des plus beaux couvents du monde entier.

Je regrette fort de ne pouvoir pénétrer dans l'intérieur du monastère; mais l'entrée en est sérieusement interdite aux femmes. Tout à l'heure Mlle de Roumanie a voulu forcer la consigne; tandis qu'elle parlementait devant l'inflexible portier, elle toucha la poignée de la porte. Aussitôt le moine en colère essuya vivement la place qu'elle avait touchée, absolument comme s'il avait dit : *Vade retro, Satana!*

Les pèlerins, du reste, avaient dû se munir d'une lettre de permission du patriarche grec de Jérusalem. Le moine qui est en vigie sur la tour d'Eudoxie fait descendre un panier dans lequel on dépose le précieux firman. Cette formalité accomplie, les pèlerins s'approchent de la lourde porte en fer, que le portier fait tourner sur ses gonds, après avoir introduit dans la serrure une clef monumentale pesant plusieurs kilos.

M. l'abbé Loysel, qui vient de nous rejoindre sur notre plate-forme, nous donne quelques détails sur l'intérieur du couvent, qu'il a visité avec ses compagnons. Il semble peu satisfait de l'hospitalité qui leur a été offerte. Les moines n'ont pas daigné leur montrer le monastère. Un seul, d'un air revêche, les a conduits à travers quelques couloirs jusqu'à leur église. Les parois en sont revêtues de vieilles peintures byzantines d'une exécution grossière; mais elle est remplie de dons faits par la Russie, qui l'a dotée de deux énormes cloches dont les échos répercutent le son jusqu'à la mer Morte. M. l'abbé Loysel a vu dans une chapelle des milliers de crânes entassés les uns sur les autres, reliques des anachorètes catholiques martyrisés par les bandes de Chosroès au VIIe siècle.

On voit encore l'austère cellule de saint Sabas, avec une vieille peinture qui le représente. A propos de ce grand saint on raconte une curieuse légende, au temps où il habitait encore une caverne de cette solitude. Un jour qu'il était sorti de sa grotte, un lion vint s'y coucher. Le saint, se confiant à Dieu, y entra comme d'ordinaire et se mit à réciter son office. Mais le sommeil le surprit en ce saint exercice; le lion aussitôt le tira par la manche et le traîna dehors. Le moine s'éveilla, rentra dans sa grotte et recommença ses prières; puis il s'endormit encore, le lion le mit de nouveau dehors. Cette fois le saint, se levant, dit à l'animal d'un ton sévère :

« N'y a-t-il donc pas ici place pour nous deux? »

Et en même temps il lui désigna un coin de la caverne. Le lion acquiesça en silence, se retira dans ce coin et continua à demeurer avec lui pendant plusieurs années.

Voilà, certes, une amitié touchante, mais tant soit peu dangereuse, il me semble!

Retour à Jérusalem, huit heures.

A trois heures nous remontons en selle; Isabelle, fatiguée, grimpe sur son cheval tremblant, mais le malheureux butte à chaque pas, il a eu peur, c'est fini. Il lui faut un moukre pour le tenir par la bride. Nous revenons lentement ; les chemins sont assez difficiles, et le pays peu intéressant. C'est avec joie que nous mettons pied à terre à Jérusalem, nous réjouissant d'y passer quelques jours de repos et de recueillement. Mon frère va bien, il nous l'a fait dire ce soir; demain matin il viendra nous voir à Casa-Nova.

XVIII

LE MONT DES OLIVIERS

Jeudi matin, 10 mai.

Voici le beau jour de l'Ascension. Certes, c'est bien le cas ou jamais de le passer au mont des Oliviers, à l'endroit même où Jésus-Christ monta au ciel.

Maurice est venu ce matin nous faire une bonne visite, et c'est en trio que nous ferons notre petit pèlerinage.

Et d'abord, pour nous rendre à cette montagne depuis Casa-Nova, nous suivons la Voie douloureuse jusqu'à l'Ecce Homo, puis une ruelle qui passe près de la petite chapelle de la Flagellation, où nous entrons. Il est bien juste qu'avant d'admirer sur les hauteurs la gloire du divin Maître, nous le suivions d'abord dans les détails de ses humiliations. Ce lieu, qui fut inondé du sang divin, devint l'objet de la vénération de tous les siècles; cependant il eut à subir de tristes profanations. Pris en 1618 par le pacha Moustapha-Bey, il fut converti en écurie pour ses chevaux. Il y logea ses plus belles cavales toutes alertes et bien portantes; mais le lendemain toutes étaient mortes. Ne voulant pas reconnaître la main de Dieu qui le châtiait, il recommença le soir même à y mettre des chevaux; ceux-ci eurent le même sort que les premiers. Moustapha, consterné, eut recours aux plus célèbres devins de l'islamisme; les sages lui répondirent que le lieu où Issa (Jésus) avait été flagellé était un lieu saint pour les chrétiens, et que Dieu ne voulait pas qu'il fût profané. Le pacha cessa d'y mettre des chevaux; mais il ne le rendit pas aux chrétiens. Ce ne fut qu'en 1838 qu'Ibrahim-Pacha en restitua les ruines aux Pères de terre sainte. Ils rebâtirent ce sanctuaire le mieux possible; mais la pauvreté en est lamentable.

De là nous tournons à droite par un chemin qui nous conduit à la porte Saint-Étienne, en passant près d'un corps de garde. Les Turcs, nonchalamment étendus en fumant le chibouck, ne nous font aucune difficulté de passage. Depuis cette porte, l'œil plonge dans la vallée de Josaphat, et en mesure la profondeur et la désolation. Devant nous s'inclinent les pentes adoucies du mont des Oliviers; mais le chemin qui nous en sépare est pour ainsi dire à pic; en l'espace de cinq minutes il nous conduit au tombeau de la sainte Vierge. Ce sanctuaire si vénérable appartient, hélas! aux schismatiques, qui nous permettent cependant d'y pénétrer. C'est une très ancienne église, bâtie par sainte Hélène et restaurée par les croisés en style roman. On descend à l'intérieur par quarante-cinq marches qui conduisent au sépulcre de Marie, taillé dans le roc vif. Ce saint édicule est un petit monument carré, toujours rempli de lumières et surmonté d'une coupole; c'est là que la bienheureuse Vierge dormit son court sommeil, et fut transportée au ciel par les anges, dans son Assomption glorieuse. Il est triste pour nous catholiques d'être les seuls exclus de ce sanctuaire desservi par tous les chrétiens des rites dissidents; les musulmans eux-mêmes y ont un lieu de prières.

Au milieu de l'escalier qui descend dans l'église, on voit creusés dans le rocher les tombeaux de saint Joachim et de sainte Anne, glorieux parents de la divine Vierge. Quelques-uns pensent que saint Joseph, son saint époux, fut aussi inhumé là.

Tout près du tombeau virginal, à quelques pas sur la route, se trouve la grotte de l'Agonie du Sauveur, où l'on descend de même assez profondément par un escalier sombre. Cette grotte est conservée dans son état primitif, c'est-à-dire que le rocher n'est point recouvert de marbres et d'ornements, comme on l'a fait malheureusement dans de nombreux sanctuaires. Elle est assez spacieuse pour qu'on ait pu y dresser trois autels : douze mètres de long sur sept à huit de large; elle ne reçoit le jour que par une ouverture pratiquée dans la voûte. Les Pères Franciscains en ont la garde, et y célèbrent la messe tous les jours.

Rien ne peut se comparer à l'émotion infinie qui vous saisit en pénétrant sous ce roc sacré, témoin véritable des angoisses et des défaillances de l'Homme-Dieu. Son sang baigna dans son agonie cette terre que nous baisons, et sous le fardeau de sa douleur il s'appuya chancelant contre ce même rocher. Solitude, amertume, douleur de l'âme abandonnée de Jésus : voilà ce que laisse échapper cette grotte sainte, et qui nous pénètre le cœur de tristesse. La scène mémorable se retrace à la pensée, on prie, on gémit comme le Sauveur en agonie. Pascal, méditant sur ce mystère, a dit ce mot d'une saisissante beauté : « Jésus a prié les hommes, et il n'en a pas été exaucé. »

N'est-ce point vrai? Que d'hommes ont passé indifférents à côté de cette douleur!

Jésus voit la vision effrayante des péchés des hommes, et son âme est triste jusqu'à la mort. Il voit l'effet inutile de ses souffrances pour beaucoup, et le tableau cruel de ses tourments se déroule à ses yeux. Bouleversée par des luttes et des terreurs dont nous n'avons qu'une faible idée, la Victime est renversée par terre, et il lui vint, dit l'Évangile, une sueur comme des gouttes de sang découlant jusqu'à terre.

Des lampes brûlent jour et nuit sur le lieu précis de l'agonie du Sauveur.

A la distance d'un jet de pierre de cette grotte, on voit un large rocher sur lequel Pierre, Jacques et Jean dormaient pendant l'agonie de leur Maître. Jadis un oratoire avait été élevé là sous le vocable du « Sommeil des Apôtres ». Aujourd'hui les ruines mêmes en ont disparu, et le vénérable rocher apparaît dans sa nudité primitive. Tout près est le lieu de la trahison de Judas; une pierre marque cet odieux endroit qui pénètre l'âme d'indignation... Vis-à-vis le rocher des Apôtres, on entre par une porte très basse dans un jardin enclos de murs élevés, gardé et soigné avec amour par les Pères Franciscains; c'est le jardin de Gethsémani. L'usage de ces portes basses et très étroites se retrouve fréquemment, en terre sainte, à l'entrée des monastères ou même des maisons particulières. On se l'explique par la nécessité de se défendre contre les coups de main des bandits et parfois contre les invasions des schismatiques; car il est facile de garder un passage aussi étroit, par lequel aucun cavalier ne peut pénétrer, ni même un piéton, sans courber la tête. La parole de Notre-Seigneur, où il est question de chameau qui ne peut passer par le trou de l'aiguille, s'explique facilement par cette hypothèse qu'il parlait d'une porte très basse comme celle-ci, ouverte dans les anciennes fortifications de la ville pour laisser passer les gens à pied, et qui s'appelait en effet « Trou de l'aiguille ». Il y avait jadis plusieurs ouvertures de ce nom, hautes seulement de soixante-quinze centimètres. Jamais chameau ne put passer par là.

Gethsémani renferme les fameux oliviers, contemporains de Jésus-Christ ou rejetons directs de ceux qui lui servirent d'ombrage quand il venait y prier. Certes, ce sont des témoins éloquents de la Passion, et ils portent sur leurs branches noueuses les stigmates de tant de siècles !

Si l'on objecte à leur authenticité que Titus fit couper tous les arbres autour de la ville sainte, afin d'en construire des ouvrages stratégiques, on peut répondre que ces arbres pouvaient être trop petits en ce temps-là pour servir à l'usage qu'on se proposait ; puis, qu'ils étaient plantés trop près de la ligne des assiégés et des remparts, pour qu'on pût les couper sans se faire massacrer soi-même. Mais supposons encore qu'ils aient été abattus, leurs souches sont restées en terre, car Pline dit que l'olivier ne meurt pas. Les rejets de ces arbres sont donc les fils des premiers et les héritiers légitimes des vénérables témoins de la Passion, mais rien ne s'oppose à ce qu'ils le soient eux-mêmes. Ces huit oliviers sont énormes, très branchus, et ne portent plus guère d'olives. Le bon frère chargé de leur entretien y apporte une sollicitude pleine de tendresse ; il sème des fleurs autour, arrose leurs troncs gigantesques au moyen d'une rigole, qui apporte l'eau et conserve la vigueur de ces respectables vieillards. Il nous a donné avec parcimonie quelques reliques de ces arbres, un peu de bois, quelques feuilles, et il semblait nous traiter en princes, le bon frère.

Nous sortons du petit jardin pour gravir la montagne et arriver enfin au lieu de l'Ascension. Tout en montant, nous admirons cette belle colline dont parle Ézéchiel quand il dit : *La gloire du Seigneur s'éleva du milieu de la ville, et s'arrêta sur la montagne qui est à l'orient.* Elle vit, en effet, il y a dix-huit siècles, la plus grande gloire qu'il fut donné à la terre de contempler : le Fils de Dieu, s'élevant par sa propre puissance, de cette patrie de larmes jusqu'au trône de son Père ! Que de fois, avant son ascension, il la gravit pour y prier ! que de fois il y passa les nuits en oraison !

Tout en haut, voici un petit village, appelé El-Tour ; il est dominé par la coupole de l'Ascension, devenue maintenant une mosquée. Un derviche nous en ouvre la porte, moyennant rétribution. On entre dans une salle circulaire construite au lieu même où Jésus-Christ s'éleva au ciel, en présence de sa sainte Mère et de ses disciples réunis au nombre de cent vingt. Un petit rocher en calcaire dur, encadré dans du marbre blanc, porte l'empreinte du pied gauche de Notre-Seigneur. Nous avons baisé ces vestiges sacrés, dont il ne reste qu'une faible marque, usée par le frottement des baisers. La trace du pied droit a disparu peu à peu depuis longtemps, grâce à la piété indiscrète des pèlerins, heureux d'emporter quelques parcelles du rocher sacré.

A genoux devant cette empreinte du pied de Jésus-Christ en ce jour de l'Ascension, je me disais :

A cette heure même le mont des Oliviers est vraiment le centre du monde; tous les yeux, tous les cœurs sont orientés vers ce glorieux sommet. Il n'est pas un humble village, une splendide cathédrale qui ne soit en fête; pas de peuple sauvage, pas une capitale du monde catholique qui ne porte aujourd'hui ses regards vers ce vestige sacré que nous baisons en cet instant, privilégiés que nous sommes! Précieuse relique, doux héritage du Seigneur s'en allant vers la gloire! Il voulut laisser aux siens un dernier gage d'amour : l'empreinte de son pied vainqueur! Le rocher s'amollit au contact divin, plus tendre que bien des cœurs, hélas! mais pas plus que les nôtres en ce moment.

Pendant que nous prions, des Russes arrivent en foule et envahissent le petit sanctuaire pour y célébrer leur office; il faut sortir.

Un panorama grandiose s'offre à nos regards ravis. Jérusalem devant nous s'étend sur les six collines, blanche comme une toison d'agneau. Combien jadis elle devait être plus belle encore, la fille de Sion, avec son magnifique temple et ses palais maintenant détruits! La vallée de Josaphat l'enserre d'une ceinture de deuil; celle d'Hinnom, profondément encaissée, la contourne au sud, près du mont du Mauvais-Conseil. Du côté sud, mais plus loin à l'horizon, Bethléhem s'élève gracieuse sur une colline. En se tournant vers l'Orient, le regard rencontre les tristes montagnes de Juda et le désert de la mer Morte; au loin, presque confondu avec la ligne de Moab, le sillon du Jourdain, et au nord les montagnes de la tribu d'Éphraïm. Notre-Seigneur ne pouvait choisir un site plus beau pour monter au ciel; c'est un second Thabor, encore plus merveilleux que le premier!

Le mont des Oliviers. (Vue prise de Bethphagé.)

Non loin du lieu de l'Ascension, un beau Carmel, fondé par la princesse de la Tour d'Auvergne, s'élève à la place même où le *Pater* fut enseigné aux apôtres. Le corps de la princesse est déposé dans un magnifique mausolée, donné par l'empereur Napoléon III. La statue en marbre blanc de l'illustre fondatrice est surtout très remarquable. L'église du Pater est de style roman ; le beau cloître gothique qui contourne le couvent contient trente-deux tablettes de marbre, sur lesquelles on a gravé en trente-deux langues l'Oraison dominicale. La bonne sœur converse qui nous ouvre la porte est à signaler : c'est une Africaine du plus beau noir, qui laissa avec bonheur ses déserts brûlants pour venir s'abriter à l'ombre rafraîchissante du cloître. Elle se nomme sœur Véronique, et fait avec beaucoup de bonne grâce les honneurs de la maison.

Nous visitons tout près du Carmel l'oratoire du *Credo,* bâti au lieu même où les apôtres composèrent le Symbole, formulé en douze articles ; puis, à deux cents mètres de là, en descendant la montagne, le lieu où Jésus pleura le jour des Rameaux sur la grande cité qui l'acclamait. Ce lieu, jadis consacré par une église sous le vocable de *Dominus flevit,* est devenu une mosquée, qui tombe maintenant en ruines.

Il est temps de rentrer à Casa-Nova, il va être midi, et les bons Pères Franciscains aiment l'exactitude. Casa-Nova est notre grande hôtellerie, où nous retrouvons avec tant de plaisir nos amis. Que d'heures délicieuses de causeries, de gaieté, d'intimité nous y passons ! On met en commun ses impressions de la journée, ses joies, ses désirs ; chacun apporte une pensée, une petite fleur,... et nous formons ainsi un beau bouquet de fleurs de terre sainte, nées sur ce sol fertile, écloses dans nos cœurs, et qui embaumeront toute notre vie, car ces fleurs-là sont immortelles !

XIX

LA VOIE DOULOUREUSE. — LE MUR DES PLEURS

Vendredi, 11 mai.

Aujourd'hui vendredi, nous devions accomplir le grand but de notre pèlerinage : le chemin de la Croix dans les rues de Jérusalem. C'est l'hommage public rendu au Sauveur, c'est une profession de foi et une expiation. Rien n'est touchant comme cette cérémonie célébrée sur les lieux mêmes où s'est déroulé le drame de la Passion.

Notre procession se met en marche depuis Saint-Sauveur, avec la grande croix apportée sur le *Poitou,* et que les pèlerins se disputent l'honneur de soutenir sur leurs épaules. Nous défilons dans les rues, recueillis, silencieux, précédés par les cavas du consulat, vêtus un peu comme des suisses de cathédrale, et qui font résonner sur le pavé leurs grandes cannes ferrées. Nous nous dirigeons vers la première station, qui se trouve dans la caserne turque située sur l'emplacement même du prétoire. Nous entrons dans la cour où l'on entendit jadis les vociférations de la foule : « Crucifiez-le! crucifiez-le! » A genoux dans la poussière, nous récitons la strophe : *Sancta Mater, istud agas,* etc. Un Père franciscain nous commente la station, et nous nous relevons au chant du cantique :

Vive Jésus, vive sa Croix!

Vis-à-vis l'escalier qui monte à la caserne, se trouve dans la rue la deuxième station, où Jésus fut chargé de sa croix. Il est difficile de préciser ce point; mais on remarque dans le mur la place encore visible de l'escalier transporté à Rome, la *Scala santa*, et l'on pense que c'est en cet endroit qu'on chargea Jésus de son fardeau.

On descend la ruelle qui conduit de l'*Ecce Homo* à la rue de Damas: à l'angle de ces deux rues le Sauveur tomba pour la première fois, et c'est à quelques pas de ce lieu qu'il rencontra la sainte Vierge. On se figure cette douloureuse rencontre, ces regards rapides, pleins de larmes, échangés entre la Mère et le Fils. Pauvre Mère! quand elle vit Jésus déchiré, ensanglanté, presque mourant, elle tomba inanimée entre les bras des saintes femmes. Une église, appelée Notre-Dame-du-Spasme, s'élève à cet endroit.

Nous passons devant la maison du mauvais riche et celle du pauvre Lazare, et nous suivons la première rue qui monte à droite sur la colline d'Acra. C'est la Voie douloureuse, qui s'enfonce dans le cœur de la ville. Sous les yeux des musulmans étonnés, des juifs haineux et défiants, nous nous agenouillons sur la trace jadis sanglante des pas de Jésus-Christ. Le niveau des rues, il est vrai, n'est plus le même; il a été exhaussé par l'entassement des décombres de la ville, incendiée depuis Notre-Seigneur; cependant les rues passent bien aux mêmes endroits, mais à trois mètres au-dessus de l'antique pavé. On retrouve dans le couvent de Notre-Dame-de-Sion de vieux dallages, vestiges de la place de Lithostrotos, qui indiquent l'ancien niveau des rues.

A l'entrée de la Voie douloureuse, on s'arrête à l'endroit, marqué dans le mur par une pierre, où Simon le Cyrénéen aida le Sauveur à porter sa croix. On voit un peu plus loin les vieux murs encore debout de la petite maison de Véronique, d'où cette femme courageuse s'élança pour essuyer la face du Seigneur, avec ce linge qui garda l'empreinte de ses traits, et que nous avons vénéré à Rome.

Plus loin encore, sous les voûtes sombres et infectes de la rue, voici les restes de la porte Judiciaire, où la sentence de mort fut clouée, et qui formait à cette époque la première enceinte de la ville. C'est en passant par cette porte, avant de monter au Calvaire, que Jésus tomba pour la seconde fois. Il rencontra à quelques pas de là les filles de Jérusalem éplorées et leur dit: « Ne pleurez pas sur moi, mais sur vous et sur vos enfants. » Cette station est simplement indiquée par une pierre encastrée dans le mur du couvent grec de Saint-Caralambos.

Ainsi le cortège de haine n'est pas le seul à suivre le Seigneur : à côté, maintenant comme alors, il y a le cortège d'amour, les femmes courageuses, compatissantes, généreuses, animées par l'exemple de Marie, leur modèle, les Véronique, les Madeleine et les filles de Sion, qui aiment et qui pleurent ! Il est à remarquer que la femme est au premier rang du péril quand il lui faut témoigner son amour.

Le Sauveur commença dès lors à gravir le Golgotha; mais cette colline en ce temps était isolée, et non point habitée comme elle l'est aujourd'hui. Pour arriver à la neuvième station, il nous faut retourner sur nos pas et entrer, à droite, dans une ruelle qui monte et nous conduit au lieu de la troisième chute, situé près du Saint-Sépulcre, mais à l'extérieur, tout près de l'évêché copte, qui est d'une pauvreté absolue, et d'un couvent d'Abyssins d'une saleté révoltante.

On ne peut donc entrer directement au Saint-Sépulcre depuis là : il faut de nouveau retourner en arrière et prendre une rue à droite, qui conduit en peu de temps devant le portique. Les cinq dernières stations sont renfermées dans la basilique, comme je l'ai déjà dit dans la description intérieure de l'église.

Notre magnifique chemin de Croix s'est terminé par une procession tout autour du saint édicule, en portant la croix de bois et au chant du *Parce Domine* et du *Miserere.* C'était très solennel et touchant.

Au sortir de la basilique, le frère Liévin proposa de nous conduire au fameux mur des Pleurs, où les Juifs viennent gémir et pleurer tous les vendredis de l'année. Nous partons en grande bande à travers des quartiers extraordinaires, des carrefours obscurs, encombrés d'Arabes et de Juifs accroupis dans des échoppes sales et noires ou nonchalamment étendus à côté de leurs marchandises, consistant en petits gâteaux dorés à l'huile, plus jolis à voir qu'agréables à savourer. Nous rencontrons à chaque pas des savetiers ravaudant des chaussures, des marchands de bric à brac, d'armes de Bédouins, de débris de toutes sortes, entassées les unes sur les autres dans un désordre affreux, et nous arrivons par ces ruelles dans l'antique vallée du Tyropéon, qui contourne le pied du Moriah. Jadis le temple de Salomon s'élevait au-dessus, et les fondations qui soutenaient ce temple grandiose s'enfonçaient plus profondes encore que la vallée. C'est un reste du contrefort, un débris de ces assises titanesques que les Juifs vénèrent encore. Image de leur décadence lamentable, ces débris leur rappellent et la gloire passée et les crimes de leurs pères. Il semble à l'avance qu'on va rire de les voir pleurer, mais non, c'est un spectacle touchant. Les vieux Juifs, les jeunes filles de Sion baisent avec respect ce mur aux lézardes profondes, semblables à des rides de vieillard. Ils prient, leur livre hébreu à la main, en se balançant de l'avant à l'arrière, frappant leur tête souvent contre la pierre. Pauvre peuple sans patrie, sans autel et sans roi, errant, maudit sur toute la surface du globe, et qui baigne de larmes un pan de mur de Salomon, seul héritage qui lui reste! . . . .

Le costume israélite a conservé la physionomie biblique, du moins celui des femmes. Ce sont toujours les filles de Sion, revêtues de bracelets, de colliers et de tuniques aux riches couleurs. Le costume des hommes est souvent varié selon leurs nationalités diverses : Polonais, Russes, Allemands, Espagnols, etc. En général, ils ont les cheveux roulés en tire-bouchon devant les oreilles; leur tête est recouverte d'un bonnet de coton blanc, et par-dessus d'une toque plate de fourrure jaunâtre, parfois un haut chapeau de feutre comme les Français, et ce ne sont pas les mieux coiffés. Beaucoup portent une longue houppelande râpée; cependant j'en ai vu de très richement vêtus de tuniques de soie, serrées à la taille par une ceinture élégante.

Voici un spécimen de leurs lamentations, récitées d'ordinaire par un rabbin et reprises par le peuple :

Le rabbin. « A cause du temple qui est détruit,

Le peuple. — Nous sommes assis solitairement et nous pleurons.

Le rabbin. — A cause de notre majesté qui est passée,

Le peuple. — Nous sommes assis solitairement et nous pleurons.

Le rabbin. — Nous vous en supplions, Adonaï, ayez pitié de Sion.

Le peuple. — Rassemblez les enfants de Jérusalem.

Le rabbin. — Hâtez-vous, hâtez-vous, Sauveur de Sion. Que la majesté et la beauté entourent Sion. Que bientôt la domination royale se rétablisse sur Sion.

Le peuple. — Consolez ceux qui pleurent sur Jérusalem. »

Ce peuple, en effet, accablé sous le crime qu'il a commis il y a dix-huit siècles, semble réprouvé comme Caïn. Tel est l'effet des prophéties de Jérémie : « Votre blessure, ô Sion, est désespérée, votre plaie est très maligne. Pourquoi criez-vous de vous voir brisée de coups? C'est à cause de la multitude de vos iniquités et de votre endurcissement dans le passé que je vous ai traitée de la sorte. »

Le mur des Pleurs soutenait autrefois les terres rapportées pour la construction du Temple ; il a été bâti avec des pierres de refend de deux et trois mètres de longueur et parfaitement travaillées, mais le temps les a fortement détériorées; celles du bas sont toutes percées à jour, comme si elles avaient reçu une grêle de mitraille. Ce mur se trouve tout près de la porte Sterquilinaire, qui donne accès dans le quartier juif.

Cette visite intéressante nous dévoila le caractère invinciblement religieux de cette nation autrefois chérie de Dieu et maintenant maudite. Elle a souhaité la malédiction, et la malédiction est venue : « Que son sang retombe sur nous et sur nos enfants ! »

XX

LE MONT MORIAH. — LA MOSQUÉE D'OMAR

Samedi, 12 mai.

Nous craignions fort, dans ce mois de Ramadan, de ne pouvoir visiter la célèbre mosquée d'Omar, qui renferme la roche sacrée : *El-Sakrah*, car on prétend que les musulmans sont intraitables à cet égard. Cependant nos directeurs obtinrent du pacha la permission d'y entrer, ainsi que les janissaires qui doivent accompagner tous les visiteurs.

Autrefois le chrétien qui aurait osé franchir le seuil de cette mosquée eût été puni de mort ; ni Chateaubriand ni Lamartine n'osèrent y pénétrer. Mais depuis la guerre de Crimée, le fanatisme musulman s'est un peu relâché de ses rigueurs, bien que cette mosquée soit, aux yeux du fils du Prophète, le lieu le plus vénérable de la terre après la Mecque et Médine. Elle est située sur le mont Moriah, à l'emplacement même du temple de Salomon.

Cette visite, sous la conduite du frère Liévin, est excessivement intéressante à tous les points de vue. Depuis la fameuse roche Sakrah jusqu'à la dernière pierre des murailles d'enceinte, il n'est pas un lieu qui ne soit marqué de quelque souvenir, historique ou sacré. Du reste, cette montagne de Moriah a été choisie de tout temps par Dieu pour y accomplir ses grands desseins.

Mais je craindrais de m'égarer dans quelque erreur historique en quittant le frère Liévin ; aussi vais-je le suivre pas à pas et le laisser parler lui-même. Il nous conduit d'abord devant la célèbre porte Dorée, murée aujourd'hui :

« Voilà, Messieurs, dit notre savant guide, la porte par laquelle Notre-Seigneur entra le jour des Rameaux, monté sur une ânesse, car Ézéchiel a dit : « Cette porte demeurera « fermée et nul homme n'y passera, parce que le Seigneur, le « Dieu d'Israël, est entré par cette porte. » La prédiction s'est accomplie; en effet, les musulmans l'ont fait murer. Sur la foi d'une prophétie mal interprétée, ils croient que les Francs (Européens) entreront un vendredi par là et s'empareront de la ville sainte. Une tradition rapporte, Messieurs, qu'ici même un ange apparut à saint Joachim et lui annonça la naissance de Marie; pour gage de la vérité, il lui prédit qu'il rencontrerait sainte Anne devant cette porte, qui est la plus belle de Jérusalem; elle est, comme vous le voyez, ornée de sculptures très remarquables. »

Nous traversons maintenant la grande esplanade en longeant la muraille d'enceinte, et le frère nous fait remarquer dans le mur des blocs de pierre, restes authentiques du palais de Salomon; puis deux fenêtres murées, sous lesquelles une énorme pierre formait vraisemblablement le seuil d'une funêtre à balcon donnant sur la vallée de Siloé.

Le frère, monté sur un rocher dans l'angle de la muraille, nous montre le siège ou trône de Salomon :

« D'après la fiction musulmane, Messieurs, Salomon avait ici son trône, et y fut un jour trouvé mort. »

Et le bon frère, debout sur l'estrade en pierre, ressemble avec sa belle barbe blanche à Salomon lui-même, mais à un Salomon revenu des vanités de ce monde, sous la bure d'un Franciscain.

« Cet édifice, Messieurs, que vous voyez devant vous, renferme un cénotaphe arrondi en dos d'âne, élevé en l'honneur de Salomon; vous pouvez l'apercevoir à travers le grillage, qui est tout parsemé de petites pièces d'étoffe attachées là par les musulmans qui désirent obtenir la réussite d'un procès par l'intercession du grand roi. Au lieu de faire brûler des cierges pour implorer les faveurs du Ciel, ils attachent un petit morceau de leur robe en guise d'ex-voto. »

Heureusement qu'en France on n'adopte point cet usage : les robes des avocats n'y pourraient suffire !

Nous suivons ensuite le frère Liévin, qui nous conduit visiter la belle mosquée El-Aksa, église autrefois bâtie par les croisés au lieu même de la présentation de la Vierge au temple.

A l'entrée de cette mosquée, des cerbères musulmans nous arrêtent au passage et obligent les pèlerins à se déchausser. Quant à moi, je passe fièrement, ayant arboré aujourd'hui des sandales turques en cuir rouge, tout à fait orthodoxes.

El-Aksa est composée de sept nefs, soutenues par des colonnes de marbres variés. Vers l'extrémité de la grande nef on place le lieu de l'habitation de la sainte Vierge chez la prophétesse Anne, quand elle se consacra au service du temple pendant onze ans; c'est là aussi qu'elle offrit plus tard son divin Enfant, selon la loi de Moïse.

On remarque surtout dans l'intérieur un *mirhab* (lieu de prière) très beau, orné de jolies colonnettes et peint en mosaïques; un *mimbar* (chaire à prêcher) très délicatement sculpté à Alep, et enfin les colonnes de l'Épreuve.

« Voyez ces deux colonnes, Messieurs, nous dit notre guide avec un fin sourire, elles sont si rapprochées l'une de l'autre, qu'un homme de grosseur ordinaire pourrait à peine passer entre elles; eh bien, heureux l'homme qui peut s'y faufiler, car après sa mort, affirment les musulmans, il va tout droit en paradis. Mais aussi, malheur à l'homme atteint d'obésité! car celui-là, où ira-t-il? Heureusement que le frottement des corps qui ont passé par là a déjà usé de quelques centimètres les colonnes, ce qui facilite à tous l'accès de l'éternelle félicité. Néanmoins, au mois d'août 1881, un fidèle croyant voulut tenter le passage, malgré son embonpoint excessif; il fit, hélas! des efforts si héroïques, qu'il mourut sur le lieu même. Pour prévenir le retour d'accidents aussi regrettables, le haut clergé musulman, dans sa sollicitude paternelle, fit occuper l'espace libre compris entre ces deux colonnes par un petit monument en fer surmonté d'un croissant, et ferma ainsi une des portes du paradis. »

Après cette visite, nous nous dirigeons vers la belle mosquée d'Omar, et passons d'abord sous un portique composé de quatre arcades. C'est là qu'est suspendue invisiblement (selon la légende musulmane) la fameuse balance du jugement dernier, qui servira un jour à peser les mérites et les péchés des âmes; nous passons sans trembler sous la terrible balance, et nous voici à l'entrée de la célèbre mosquée. Les musulmans se jettent derechef sur les profanes et leur font déposer les chaussures européennes sur le parvis sacré.

Que cette mosquée est splendide! quelle richesse éblouissante! elle est ruisselante de marbres polis : le pavé est un miroir, l'or brille sur les mosaïques des frises, et des arabesques élégantes enlacent la coupole et les chapiteaux des colonnes. On se sent involontairement saisi de respect; n'est-ce point ici, en effet, que se trouvait le Saint des saints du Dieu d'Israël, et le lieu même où reposait l'arche d'alliance? Puis l'harmonie des proportions et la beauté pure du style élèvent l'âme et commandent l'admiration. Un jour doux et tamisé pénètre mystérieux dans l'intérieur du sanctuaire. Cette douceur est obtenue par une combinaison savante de verres coloriés, sans que l'art du pinceau y entre pour rien. Ces vitraux sont doublés d'un grillage extérieur en faïence, qui augmente encore la suavité de la lumière. Les mosaïques resplendissent de couleurs si variées que nos enluminures du moyen âge n'ont rien de comparable. Des fleurs et des fruits s'enlacent autour de la grande coupole par des enroulements étranges et capricieux : chose assez curieuse, le raisin y tient la première place et des tiges de blé pendent à des rinceaux fantastiques. Les versets du Coran, gravés en lettres d'or, courent tout le long du pourtour, mais aucune figure humaine n'y est représentée : la loi de Mahomet l'interdit formellement.

Approchons-nous de la coupole centrale; une grille de bois, artistement travaillée, entoure et préserve du contact des mains profanes la célèbre roche Sakrah. La voilà, surgissant de la montagne même, témoin grandiose des œuvres du Très-Haut. Sur cette roche, Abraham plaça le bûcher où son fils Isaac devait être immolé; c'est elle que Dieu désigna à David pour servir de piédestal à l'arche d'alliance, et quand Salomon construisit le temple, cette arche y reposa pendant plus de quatre cents ans. Ce beau rocher fut enfermé par lui dans le sanctuaire, couvert à l'intérieur de lames d'or, et qui était le Saint des saints.

Il est percé d'un trou cylindrique qui servait sans doute à écouler le sang des victimes des holocaustes; mais primitivement ce lieu était l'aire d'Ornan le Jébuséen, et le frère Liévin pense que c'est par ce trou qu'on puisait de l'eau dans la citerne qui se trouvait sous la roche Sakrah. En effet, on y voit encore une crypte, et les musulmans prétendent que la roche est suspendue en l'air, n'ayant pour soutien qu'un palmier invisible, porté par les mères des deux grands prophètes Issa (Jésus) et Mahomet. Par mesure de prudence, on a élevé cependant une muraille pour la soutenir, afin

Mosquée d'Omar.

de rassurer les gens de peu de foi! Je suis descendue dans cette crypte, et j'y ai vu le lieu de prière de Salomon et de David. Abraham et Élie y ont aussi leur place, chacun dans un angle. En frappant le sol du pied, il se produit une certaine résonnance; mais n'en soyons point surpris, c'est là que réside le Puits des âmes; c'est-à-dire que, deux fois par semaine, les âmes des pieux musulmans surgissent de ce puits et viennent adorer Dieu. Le frère Liévin pense que cette cavité est l'ancienne citerne où l'on puisait de l'eau par le trou cylindrique de la roche.

Les deux reliques précieuses révérées par les croyants avec le plus de ferveur sont: une empreinte supposée d'un des pieds de Mahomet, et deux poils de sa barbe, renfermés dans un étui d'argent.

Tandis que j'étais occupée à crayonner un superbe chandelier à sept branches, qui me faisait penser à celui du temple de Salomon, un musulman s'approcha de moi avec circonspection, tremblant d'être vu par d'autres adorateurs du Prophète, et me glissa dans la main une poignée de mosaïques dérobées sans doute à la mosquée, en murmurant à mon oreille le mot sacramentel: *Bakchich!*

Quel dommage que ce brave larron n'ait pu m'apporter aussi un des deux poils de Mahomet! Certes, je l'aurais pour le moins payé son pesant d'or!

Près de la porte de sortie, je vis de gros livres posés sur des pupitres, et j'allais m'approcher pour les feuilleter:

« Coran! » s'écria un musulman en arrêtant ma main audacieuse, et il me surveilla de près.

En sortant de la mosquée, une sorte de coupole à gauche frappe nos regards: c'est l'ancien autel des Holocaustes, appelé maintenant Tribunal de David, parce que David y rendait jadis ses jugements. Il paraît qu'un menteur qui oserait passer sous la chaîne suspendue à l'intérieur serait immédiatement puni de sa malice: un anneau s'en détacherait et lui tomberait sur la tête. Quelle tuile! Il faut avoir la conscience nette pour passer là-dessous.

Le frère Liévin nous fait remarquer sur l'immense esplanade des endroits jadis occupés par les anciens parvis du Temple. Le plus célèbre était le parvis d'Israël, parce qu'il fut honoré de la présence de Notre-Seigneur et de plusieurs de ses miracles.

C'est ici que la sainte Vierge le retrouva enseignant dans le

Temple après l'avoir cherché pendant trois jours; c'est là qu'il chassa les vendeurs à coups de fouets et de cordes, là qu'il protégea la femme coupable contre ses accusateurs qui voulaient la lapider, et qu'il écrivit avec son doigt sur le sable les péchés secrets des pharisiens; puis, se relevant, il leur dit: « Que celui d'entre vous qui est sans péché lui jette la première pierre. » Aussitôt tous se retirèrent la tête basse et la laissèrent. Un peu plus loin, c'est Jésus lui-même que les Juifs voulaient lapider, parce qu'il avait dit cette grande parole: « Mon Père et moi nous ne sommes qu'un. » Mais Jésus encore une fois s'échappa de leurs mains, car son heure n'était pas venue. Plus tard, il prédit en cet endroit la destruction du magnifique Temple, dont ses disciples lui faisaient remarquer l'admirable structure. « Voyez-vous ces constructions? leur dit-il, je vous le dis, elles seront tellement détruites, qu'il n'en restera pas pierre sur pierre. » En effet, pas une pierre n'est restée debout, l'esplanade est vide; on dirait qu'une gigantesque faux a passé sur le mont Moriah.

XXI

EXCURSION A HÉBRON. — UNE MATINÉE A BETHLÉHEM

Dimanche matin, 13 mai.

Nous partons à l'instant pour Bethléhem, Hébron et Saint-Jean-de-la-Montagne; belle excursion qui nous prendra trois jours.

J'ai failli ne pas partir, parce que mon frère et ma sœur, étant un peu souffrants, ne peuvent m'accompagner. La chaleur du climat se joignant aux fatigues de la Samarie, tous deux sont éprouvés par un peu de fièvre et se proposent simplement d'aller demain, montés sur de pacifiques bourriquets, visiter Bethléhem et les Vasques de Salomon. Moi qui adore la chaleur, je me trouve ici comme un poisson dans l'eau ou, pour dire plus juste, comme un lézard au soleil. Hier soir seulement on a décidé cette excursion à Hébron. Le cœur me disait de rester, d'autant plus que j'avais commencé une petite étude en pleine rue, et que je désirais la finir; puis je voulais étudier Jérusalem plus en détail; mais l'attrait de cette chevauchée, le désir d'aller là où tout le monde n'allait pas, le charme de l'aimable société de nos amis de Roubaix, la perspective de passer un jour dans la cité d'Abraham, que sais-je! tout cela à la fois était fort tentant, et je me laissai séduire.

Notre caravane ne se compose que de neuf personnes, c'est-à-dire les quatre abbés inséparables, ces deux dames, en un mot nos amis de Tibériade et deux autres prêtres adjoints à notre groupe. Nous avons fait un arrangement avec Morcos, qui s'engage à nous ramener sains et saufs de ces pays déserts. Dans un instant nous partons pour Bethléhem, car cinq heures du matin vont sonner.

Bethléhem, midi.

Nous voici dans la chère petite ville, patrie terrestre du doux Enfant Jésus. Une charmante surprise m'attendait à l'arrivée; mais j'en parlerai tout à l'heure. Le soleil radieux de ce matin versait de chauds rayons sur nos têtes et des gaietés d'oiseaux dans nos cœurs. En moins d'une heure à cheval, nous arrivons à Bethléhem par une belle route carrossable. La petite ville apparaît blanche et dentelée sur la colline, absolument comme si elle avait surgi du sol lui-même. Du reste, toutes les maisons orientales n'ont pas l'air d'avoir été maçonnées avec du ciment : on les croirait plutôt capricieusement taillées, par l'usure des siècles, dans un amas de calcaire tendre. De tout près, Bethléhem a une physionomie très animée et très riante. Presque tous les habitants sont catholiques; on devine la sympathie sur ces bons visages bronzés qui nous disent bonjour en souriant.

Bethléhem, humble petite ville de Juda et appelée à de si glorieuses destinées, existait déjà 1740 ans avant Jésus-Christ. Sa fondation se perd dans la nuit des temps. Cependant il est probable que c'est Abraham qui lui donna son nom actuel. David y fut sacré roi par Samuel, et l'on a des raisons sérieuses de penser que sainte Anne, mère de la sainte Vierge, y naquit. Elle compte à présent six mille habitants, en général tous laborieux et intelligents.

En traversant les rues de Bethléhem, j'étais frappée de la beauté du type; les femmes surtout sont remarquablement belles. Elles portent le costume antique des femmes juives : la grande robe à raies, serrée à la taille par une ceinture de couleur. Elles sont coiffées d'une mitre ou toque très riche, recouverte de pièces d'argent enfilées l'une contre l'autre. Des colliers enlacent le cou et descendent en plusieurs rangs sur la poitrine, tandis qu'un grand voile d'étamine est suspendu à la mitre et flotte sur les épaules. Cette coiffure est pleine de dignité, et ce voile ajoute une grâce chaste à la noblesse de l'ensemble. Leurs mains et leurs bras sont chargés de bracelets et de bagues. Quelquefois ces joyaux sont d'un très grand prix. Telle on se représente Judith, parée avec grâce, noble et fière, descendant avec lenteur la colline de Béthulie pour charmer les yeux d'Holopherne.

Les Bethléhémites ne sont point, pour la plupart, négligeantes et déguenillées comme les femmes de Nazareth, mais, au contraire, drapées pudiquement dans leurs robes flottantes. Leur tête, habituée à porter tous les fardeaux possibles : urnes à col allongé, corbeilles remplies de fruits ou de légumes, etc., se tient fièrement un peu rejetée en arrière; leur démarche, sans être lourde, est lente et balancée. Les petites filles ont déjà ce cachet de distinction rare, même celles qui ne sont vêtues que de haillons.

Tandis que nous arrivions près de l'église de la Nativité, et que nous allions mettre pied à terre, un Arabe s'approcha de moi et me dit en bon français :

« Voulez-vous être marraine d'une petite Arabe? »

Étonnée de cette demande, je ne répondis pas tout de suite.

« Voulez-vous? insista-t-il; ses parents sont catholiques.

— Oui, répondis-je; allez chercher l'enfant. »

Quelle douce et aimable surprise me réservait l'Enfant Jésus, en me faisant servir de seconde mère à ce petit ange, au milieu même de sa Crèche!

L'Arabe courut chercher dans le village la petite fille, âgée de dix jours, ainsi que la femme qui devait la porter.

Pour moi, en attendant l'heure du baptême, je rejoignis bien vite ces dames, qui allaient descendre dans la vénérable grotte de la Nativité, située sous l'église et communiquant par des couloirs à d'autres souterrains. Ce n'est pas dans une étable, construite de main d'homme, que le Sauveur est né, comme on le croit généralement, mais bien dans une de ces grottes naturelles creusées dans le calcaire tendre. Elles servaient jadis d'abri aux animaux et aux bergers pendant la saison mauvaise. Pour descendre au lieu de la Nativité, il faut passer de l'église des Pères Franciscains dans celle des Grecs schismatiques, bâtie tout à côté, et c'est dans le chœur de cette église qu'il se trouve. Jadis cette dernière était l'ancienne basilique latine, mais les Grecs finirent par s'en emparer après de basses intrigues auprès du sultan. Un firman leur livra tous les sanctuaires de Bethléhem en 1637; mais la France fit valoir ses droits, et la possession de la sainte grotte fut rendue aux Pères de terre sainte. En 1852, sur la demande de Napoléon III, la Sublime Porte leur fit restituer la clef de la grande entrée de l'église, et leur reconnut le droit de passage dans le chœur des Grecs. Mais ceux-ci, non contents de posséder l'ancienne basilique et voulant ressaisir complètement leurs,possessions, armèrent de sabres et de pistolets trois cents de leurs coreligionnaires et pénétrèrent dans la sainte grotte en démolissant tout. Ils la mirent au pillage et emportèrent tous les objets ayant quelque valeur intrinsèque. Cinq religieux franciscains qui y priaient s'opposèrent de toutes leurs forces à cet acte de vandalisme sacrilège; mais, grièvement blessés, ils devinrent impuissants à contenir le flot de ces barbares destructeurs. Le gouvernement français s'émut à la nouvelle de ce pillage et ordonna que les objets brisés fussent remplacés. Le maréchal de Mac-Mahon, alors président de la République, envoya une belle tapisserie pour couvrir les parois de la grotte vénérable. Depuis ce moment, une sentinelle turque veille à l'entrée jour et nuit.

Un escalier de quelques marches descend au-dessous du chœur des Grecs; il nous conduit dans ce lieu mille fois béni. Une émotion profonde nous fait battre le cœur; un sentiment très vif de la présence mystérieuse de Dieu s'empare de nous. L'autel, brillant de lumière, frappe vivement nos regards. C'est ici même que la très sainte Vierge Marie mit au monde son Fils unique, l'an 4000 de la création! Une étoile d'argent marque ce lieu sacré, que nous baisons avec transport. Autour d'elle sont écrits ces mots : HIC DE VIRGINE MARIA JESUS CHRISTUS NATUS EST. Je les lis et les relis presque sans les comprendre. Est-ce bien là, mon Dieu, que vous êtes né, sur cette pauvre terre qu'il fallait sauver, guérir par votre amour? Avec quel bonheur nous contemplons cette place sacrée! Autrefois les Israélites étaient frappés de mort s'ils portaient la main sur l'arche d'alliance, s'ils levaient le voile qui cachait le Saint des saints, où votre présence pourtant n'était que figurative, et voici qu'aujourd'hui vous permettez à nos lèvres de baiser ce lieu mille fois saint. Loin de nous la terreur qui pénétrait les Hébreux auprès de l'arche; nous sommes près de la Crèche, arche nouvelle de la nouvelle alliance, et une atmosphère de calme, de joie et de paix, envahit nos âmes!

Voici tout près de nous une sorte d'auge en pierre. C'est là que la Vierge Marie posait Jésus dans la crèche. La crèche est à Rome, mais l'auge est encore ici. Ne semble-t-il pas voir encore à cette place son sourire d'Enfant divin, la beauté de son regard et la délicatesse de ses petits membres? Avec quel bonheur sa Mère veille sur lui en l'endormant! comme elle épie son réveil, l'écoutant, ravie, balbutier ses premiers mots!

Je me rappelle cette parole de saint François de Sales, qui avait une manière charmante de tout dire : « L'aimant attire le fer, l'ambre attire la paille et le foin; ou que nous soyons fer par dureté, ou que nous soyons paille par imbécillité, nous nous devons joindre à ce souverain petit poupon, qui est un vrai tire-cœur. » On reste recueilli, on écoute, on regarde, on demeurerait volontiers des heures dans ce calme et ce silence...

Cette vénérable grotte, qui appartient, hélas! plus aux schismatiques qu'aux latins, est assez longue, mais étroite: douze mètres sur trois à quatre seulement. Elle ne reçoit plus aucun jour du dehors, mais cinquante-trois lampes l'éclairent jour et nuit.

Et mon baptême qui m'attend là-haut! Je n'ai que le temps d'y courir, car c'est une assez longue cérémonie en Orient, et il nous faudra quitter Bethléhem à une heure pour arriver ce soir à Hébron. Puis j'ai hâte de connaître ma filleule. Dans le chœur des Grecs je rencontre mon Arabe, qui s'appelle Élias.

« Venez, Mademoiselle, me dit-il; elle est là. »

Il me conduit à la porte de l'église : une femme portait dans ses bras un petit enfant enveloppé de langes multicolores. Cette petite figure olivâtre m'enchante déjà, et voici qu'elle prend place dans un tout petit coin de mon cœur. Le père est là, vrai Arabe, ne sachant dire un mot de français; il me prend et me serre la main avec effusion, et, portant son autre main sur sa poitrine, il essaye d'articuler :

« Buon-jor! »

Je lui réponds en arabe :

« Naraksâid! »

Cette fois, son sourire joyeux me témoigne tout son plaisir.

M. l'abbé Marie-Paul m'avait promis de faire le baptême; il vient donc, revêtu des habits sacerdotaux, nous rejoindre à la porte de l'église. Le cérémonial du baptême est plus long ici qu'en France: et d'abord un grand colloque s'engage entre le prêtre et l'enfant; bien entendu c'est la marraine qui répond pour le nouveau-né. Puis on entre dans l'église, et je dois tenir pendant fort longtemps le cierge d'une main et le poupon sur mes bras : ici, la marraine remplace absolument la mère. Au moment du baptême, M. l'abbé Marie-Paul verse tellement d'eau sur la tête de ma pauvre filleule, que je crois un instant qu'elle est noyée, et qu'il lui ouvre en réalité la porte du paradis. Il me rassure d'un regard, car il connaît l'usage : plus on verse d'eau, plus les Arabes sont contents ; c'est presque le baptême par immersion.

Après le baptême, ce brave Hanna Zablah, père de la petite Marie-Ange-Paula, me fait comprendre par signes qu'il m'invite à aller dans sa maison ; mais, n'ayant pas le temps aujourd'hui, je lui fais transmettre par Élias mon projet de revenir à Bethléhem une autre fois, et nous nous séparons avec force poignées de mains.

A une heure de l'après-midi, après avoir reçu une hospitalité cordiale chez les Pères Franciscains, nous quitterons Bethléhem avec l'espoir d'y revenir quelque jour depuis Jérusalem ; ce n'est donc qu'un joyeux au revoir que nous lui dirons.

Bethléhem signifie Maison de pain. Ce nom antique, qui lui a été donné par Abraham, est un prophétique symbole de ce grain de froment céleste qui devait germer là, être broyé sous la meule des douleurs et donner au monde le Pain immortel du Sacrement.

XXII

LE JARDIN FERMÉ. — LES VASQUES DE SALOMON. — LA VALLÉE DE MEMBRÉ

Près des Vasques, deux heures.

A notre sortie de Bethléhem, il faut suivre un petit chemin en casse-cou qui descend avec rapidité de la colline où la ville est assise. Nous traversons par des sentiers en zigzag un charmant bois d'oliviers. Ce vert grisâtre est doux aux yeux; ces petites feuilles en lamelles d'argent frissonnent à la moindre brise et rafraîchissent le voyageur par leur délicieux ombrage.

Remontant par un chemin encombré de rocailles, à travers des plants de vignes et de figuiers, nous arrivons près de l'aqueduc de Salomon. Cet aqueduc conduit l'eau qui sort de la fontaine Scellée, si célèbre dans le Cantique des cantiques, jusqu'à Jérusalem; c'est elle qui alimente en partie la ville. Elle est si abondante, qu'il faut en différents endroits donner issue à son trop plein et restaurer les fissures que produit en hiver l'excès des eaux.

Voici maintenant une étroite vallée qui s'offre à nos regards: elle est toute parsemée de verdure et semble plus verdoyante encore, encaissée comme elle l'est au milieu de montagnes arides; c'est l'Ouâdi-Eurtase, c'est-à-dire le jardin fermé de Salomon (*Hortus conclusus*). La chaleur concentrée entre ces montagnes et l'abondance des eaux rendent ce terrain prodigieusement fertile. Voilà donc ce jardin splendide, aimé du grand roi, qui tous les jours, dit l'historien Josèphe, venait le visiter escorté de ses gardes armés d'arcs, monté sur un char et vêtu d'un manteau blanc. Ma mémoire est envahie par des réminiscences du Cantique des cantiques; je cherche des yeux les grenades semblables aux lèvres de l'Épouse, et les myrtes, les hyacinthes et les mandragores parfumés, et la vigne rivale de celle de Chypre, et le mur coupé de tours qui enfermait ce jardin de délices!

Comme une musique ravissante, comme un délicieux murmure, j'entends ces paroles en mon esprit : « Mon bien-aimé est descendu dans son jardin, dans le parterre des plantes aromatiques, pour se nourrir et pour y cueillir des lis. » L'illusion est complète en écoutant M. l'abbé Poirier entonner de sa voix sonore et harmonieuse un chant très doux : *Soror mea et sponsa mea...* « Ma sœur, mon épouse est comme un jardin fermé et une fontaine scellée. Elle est comme la fontaine des jardins et le puits des eaux vivantes qui coulent du Liban. »

Le jardin, ses lis, ses mandragores et Salomon lui-même, ont disparu. Comme l'encens balancé sous la voûte d'un temple, flotte encore dans l'air embaumé cette poésie mystique, magnifique conception du génie oriental inspiré de Dieu.

Nous suivons le sommet du vallon, plongeant nos regards dans l'Ouâdi-Eurtase. Des ruines qui s'élèvent au-dessus finissent par nous en dérober la vue : c'est l'ancienne Élam, où Samson se réfugia après avoir incendié la moisson des Philistins, dans la plaine de Saron. Après une demi-heure de marche nous arrivons aux Vasques de Salomon. On nomme ainsi trois vastes réservoirs construits par le grand roi pour arroser son Jardin fermé. Ils sont de forme carrée et superposés en amphithéâtre pour se déverser l'un dans l'autre, sans doute à cause de la grande différence de niveau qui existe entre ce lieu et le Jardin. Ces trois vasques, alimentées par les eaux pluviales, ont des dimensions considérables : la plus grande a 177 mètres de longueur sur 64 de largeur.

Nous faisons une petite halte ici, afin de visiter la fontaine Scellée (*Fons signatus*), qui se trouve dans les champs sous une petite construction en maçonnerie. Un escalier de vingt-six marches conduit sous terre dans deux chambres où jaillit une eau vive, claire et délicieuse au goût. L'édifice souterrain qui reçoit les eaux est restauré depuis une vingtaine d'années; mais ces restaurations n'ont rien changé de notable à l'œuvre même de Salomon. Sans doute l'extérieur devait être plus luxueux en ce temps-là; mais cette eau vive jaillissait alors

Bethléhem. (Vue de l'église de la Nativité.)

comme aujourd'hui dans ces chambres souterraines. L'Église compare souvent la sainte Vierge à cette fontaine Scellée. D'ailleurs, le Cantique des cantiques tout entier est appliqué par les interprètes à Marie, véritable Épouse bien-aimée du Roi des rois.

Sur la route d'Hébron, quatre heures.

Le chemin que nous suivons sur un terrain tourmenté était autrefois une voie romaine, car c'est une route importante que celle qui conduit de Jérusalem à l'Égypte. Le gouvernement turc s'occupe depuis quelques années d'en faire une belle voie carrossable; nous en jouissons déjà, du reste, pendant une partie de notre voyage. Il est facile et agréable de s'accorder quelque temps de galop. Mme M*** n'a jamais été si habile; son petit cheval brun, qui a maigre apparence, est délicieux au galop et veut sans cesse le prendre. Mlle Leuridan, intrépide comme toujours, n'est pas si bien montée, ni moi non plus; nos coursiers ont l'air de retomber sur des jambes de bronze. Je suis brisée, moulue, mais tant pis : *Yallah*[1] *!* et nous filons quand même en maugréant contre Morcos, qui nous a si mal servies.

Le paysage prend un aspect monotone, les montagnes se ressemblent toutes : pierreuses, calcaires, petites et rapprochées. De maigres broussailles et très peu d'arbres les recouvrent. On aperçoit de nombreux fours à chaux éparpillés dans les rochers. Nous entrons dans un pays tout à fait désert; les Bédouins seuls errent sur les hauteurs, leurs longs fusils à la main. Les uns nous regardent d'un œil sombre et farouche, d'autres ne daignent même pas tourner la tête vers nous. Nous faisons halte en plein soleil, près de la belle fontaine de Saint-Philippe, ainsi nommée parce que c'est là que le saint rencontra l'eunuque de la reine d'Éthiopie et le convertit en chemin. Morcos, le sournois, nous donne de fort mauvaise grâce un peu de pain et quelques oranges, et pourtant ce n'est que justice par cette chaleur et la fatigue de cette étape. Mais quand les drogmans n'ont plus affaire avec la direction du pèlerinage, je crois qu'ils deviennent fort exigeants.

[1] « En avant ! »

Vers six heures nous passons à côté d'une hauteur : Ramet-el-Khalil, c'est-à-dire hauteur de l'ami de Dieu. Plusieurs pensent que c'est là qu'Abraham planta ses tentes après sa séparation d'avec Loth; mais il est plus probable encore que ce fut dans la vallée de Membré, où nous allons.

Un petit chemin, qui laisse la grande route à gauche, nous conduit dans cette vallée. Le soleil va se coucher et dore les sommets arrondis des montagnes. Tout prend une teinte mélancolique, et l'âme s'imprègne d'une paisible sérénité. L'Ouâdi-el-Khalil (vallée de l'Ami de Dieu) est d'une fertilité merveilleuse; la vigne y croît en abondance, et le raisin y atteint une prodigieuse grosseur. C'est sans doute près du torrent, appelé dans la Bible Nahel-Escol, que les douze éclaireurs envoyés par Moïse pour explorer la terre de Chanaan cueillirent cette grappe de raisin d'une telle beauté et d'une telle grosseur, qu'il fallut deux hommes pour la porter. Rien n'étonne en voyant la vigne en fleur à cette saison; les grappes atteignent déjà trente centimètres; quand elles seront mûres, elles en auront au moins soixante-dix et pèseront plusieurs kilos.

Bientôt nous apercevons le magnifique chêne d'Abraham, aux branches contorsionnées et enchevêtrées comme la chevelure de la Gorgone. Ce vénérable géant n'est pas précisément le contemporain d'Abraham; mais il est très probablement le rejeton direct de celui qui l'abrita quand les anges vinrent le visiter. Que de nobles familles pourraient envier une généalogie pareillement illustre !

Sous l'ombrage d'un aïeul de cet arbre, Dieu lui-même apparut au patriarche, sous la forme de trois anges, images de la sainte Trinité, qui lui annoncèrent la naissance d'un fils qu'il aurait de sa femme Saraï. Dieu lui commanda de ne plus s'appeler Abram, son vrai nom, mais Abraham, c'est-à-dire père d'une multitude; et de même son épouse Saraï devait à l'avenir s'appeler Sara, qui veut dire princesse de plusieurs peuples. Or Abraham était âgé de quatre-vingt-dix ans, et il crut au Seigneur; mais Sara, qui était vieille aussi, se mit à rire avec incrédulité; cependant la prophétie s'accomplit, elle eut un fils nommé Isaac.

L'arbre séculaire se trouve dans une sorte d'enclos appartenant à des Russes, qui le soignent avec vénération. Ils ont bâti tout près une petite hôtellerie, dans laquelle nous logerons ce soir. Le soleil est très bas à l'horizon ; son globe énorme

Vasques de Salomon.

est coupé par une ligne azurée qui doit être la Méditerranée; en un instant il glisse derrière ce rideau, et la nuit tombe sans crépuscule. . . . . .

Membré, dimanche soir.

Dans cette petite maison russe nous sommes les seuls hôtes, et fort bien installés. Au dessert, une jeune fille d'une beauté slave accomplie nous apporte, à notre grande surprise, un mets fort délicat : des glands, d'une grosseur étonnante, de l'arbre d'Abraham. C'est en signe d'hospitalité qu'ils sont offerts aux pèlerins; ils sont acceptés avec grand plaisir et gardés soigneusement par nous comme de véritables reliques.

Nous avons passé une soirée délicieuse dans le grand salon ou « divan » de la maison. Cette salle est vraiment bien nommée, car trois ou quatre divans très durs en composent tout l'ameublement. Cependant j'ai pu admirer une demi-douzaine de portraits du tzar, de face ou de profil, en chromolithographie, suspendus au mur.

Nos chambres sont tout aussi spacieuses que le divan et pas plus confortablement meublées. Celle qui nous logera toutes trois est voûtée, immense comme une cathédrale, fenêtres en pleine ogive, et pour mobilier deux lits de fer et l'inévitable divan très dur. Le divan sera pour moi, et ces bons Russes ont heureusement la délicate attention d'y ajouter un matelas. La belle jeune fille slave nous sert de camériste. Elle s'empresse si gentiment, que c'est plaisir de la regarder nous servir. Sa chambre est à côté de la nôtre : elle possède une vraie chapelle de saintes images. La famille entière vient tous les jours réciter les prières devant ces *icones*, si vénérés chez les Russes. Je découvre au milieu de tout cela un petit émail fort joli, représentant tous les saints schismatiques, et je lui montre par signes mon désir de l'acheter; elle consent à me le vendre, non sans avoir couru demander conseil à ses parents. J'admire fort la déférence de cette jolie fille et l'éducation de cette famille patriarcale.

Ces Russes nous reçoivent très bien, à condition que nous ne ferons aucune démonstration religieuse, car alors ces agneaux deviendraient des loups. Demain matin, nos prêtres diront la messe dans une chambre à huis clos.

Membré, lundi matin, 14 mai.

A quatre heures, Mme M***, matinale comme une alouette, m'éveille pour assister à notre messe clandestine. Ces messieurs ont dressé dans une salle un petit autel portatif. Le soleil darde ses premiers rayons par la fenêtre ogivale, tandis que le saint sacrifice se célèbre mystérieusement comme aux premiers siècles de l'Église. Cet office divin nous impressionne vivement; c'est peut-être la première messe dite dans cette maison, car les pèlerins y viennent rarement; nous avons vu peu de noms français sur le livre d'adresses que nous ont présenté les Russes. C'est sans doute la première fois que Dieu descend dans cette vallée, depuis le jour où il apparut à Abraham sous le grand chêne, il y a bientôt quatre mille ans!

Fontaine de Saint-Philippe.

XXIII

HÉBRON. — SAINT-JEAN-DE-LA-MONTAGNE

Hébron, huit heures du matin.

Voici Hébron, la ville antique par excellence. D'après Flavius Josèphe, sa fondation aurait précédé celle de Memphis ; elle serait donc la ville la plus ancienne du monde.

Selon une tradition très accréditée, Hébron, appelée dans la sainte Écriture Cariath-Arbâa, serait le lieu même où fut créé Adam, qui y serait revenu après sa chute. Les indigènes montrent encore avec vénération le champ Damascène, où Dieu prit la terre rouge dont il forma le premier homme[1]. En tout cas, les descendants de Noé se fixèrent dans ce pays et ne tardèrent pas à y élever une ville. Cette ville fut sans doute fondée par Énac, père des géants, car une race de géants l'habitait au moment de la conquête de Josué. Elle fut saccagée plusieurs fois, et particulièrement un peu avant la prise de Jérusalem. Titus la livra aux flammes. Elle se rebâtit peu à peu, mais n'était qu'une simple bourgade au temps de saint Jérôme. Elle s'accrut rapidement depuis, sous la domination des Arabes, grâce à la position avantageuse qu'elle occupe pour le commerce sur la route de l'Égypte. C'est la ville musulmane la plus fanatique de la Palestine; pas un chrétien ne l'habite ; elle se compose de huit mille habitants, dont un millier de juifs espagnols et polonais, attirés dans ses murs par la présence du tombeau d'Abraham.

Le commerce y est actif; il consiste surtout en verroterie

[1] Adam veut dire rouge.

et dans la confection des outres et des pipes en terre rouge du champ Damascène.

Notre entrée à Hébron fut assez mal accueillie par les indigènes; les uns nous lançaient des regards chargés de haine et de dédain; d'autres marmottaient des paroles sans doute fort peu gracieuses à notre endroit. Un musulman déchira même, en nous voyant, le pan de sa robe en signe de mépris; car c'est ainsi que les Orientaux le témoignent, la Bible nous en cite de nombreux exemples.

Devant la petite place qui précède la grande mosquée, nous mettons pied à terre au milieu d'un rassemblement de Bédouins armés. Mais les disciples de Mahomet ont beau être des fanatiques, le seul mot de bakchich les adoucit comme par enchantement. Je désirais acheter un sabre recourbé comme ceux qui pendent à leur ceinture; dès qu'ils comprennent mon intention, ils se précipitent autour de moi, m'offrant tout leur attirail de guerre. Je vois certainement briller les armes les plus curieuses et les plus riches qu'on puisse imaginer, enrichies d'argent, incrustées de nacre; des pistolets à pierre aux manches d'ivoire ciselée; dans leurs ceintures de cuir rouge, des yatagans effilés dont ils font étinceler avec admiration la lame à mes yeux. Je suis envahie, étouffée, et les prix montent toujours. Ils me montrent avec leurs doigts vingt ou vingt-cinq medjidis, c'est-à-dire deux cents à deux cent vingt francs pour le moindre yatagan.

Tout à coup, tandis que je m'y attendais le moins, l'un d'eux me passe son grand sabre et sa ceinture autour de la taille en disant : *Yallah! taïb, taïb!* (Allons, c'est très beau, prenez!) Je me mets à rire, j'étais donc armée chevalier par les Bédouins; mais le sabre vaut son pesant d'or, et j'ai perdu ma bourse à Samarie. Je le rends tristement à son propriétaire, et mes négociations se terminent là.

J'ai grand'peine à m'enfuir loin de ces envahisseurs, et ne puis m'en débarrasser qu'en distribuant des oboles sur mon passage, comme font les parrains qui jettent des dragées aux gamins pour apaiser leurs cris.

Mes compagnons me saluent de rires légèrement moqueurs, que je supporte avec une patience héroïque.

La célèbre mosquée dresse devant nous ses murs salomoniens; nous sommes condamnés à n'en faire que le tour, sans pouvoir y pénétrer. L'entrée en est formellement interdite sous peine de mort, aux chrétiens comme aux juifs. Ceux-ci, qui l'ont en grande vénération, se contentent d'en baiser les murailles. En regardant le portique, je me dis:

C'est bien ici qu'on pourrait écrire cette inscription fameuse: *Vous qui entrez, laissez ici toute espérance*[1], car si nous avions le malheur de franchir cette enceinte, la mort payerait bientôt notre audace.

Inutile d'ajouter qu'en vraie fille d'Ève que je suis, cette porte a un attrait singulier pour moi. Mais un musulman rigide, qui veille à toutes nos démarches, met un frein à ma légitime curiosité. Trois princes européens seuls obtinrent du sultan la permission d'y entrer, et encore ne les laissa-t-on pas pénétrer jusqu'à la dernière enceinte.

Les murs, aux assises gigantesques, comme tous les monuments de l'époque salomonienne, s'élèvent majestueux, semblables à une forteresse du moyen âge. On sait que sur l'ordre de Dieu le grand roi voulait bâtir à Abraham ce magnifique tombeau. Il commença à construire dans un champ situé tout près d'Hébron, probablement celui où Agar et son fils Ismaël, chassés de la demeure du patriarche, errèrent pendant quelque temps; mais le Seigneur apparut à Salomon et lui dit:

« Ce n'est pas ici qu'Abraham est inhumé. Regarde vers le ciel, et quand tu verras le rayon du soleil descendre sur la terre, ce sera à l'endroit où ce rayon tombera que tu trouveras son tombeau. »

Salomon, ayant levé les yeux vers le ciel, aperçut en effet un sillon lumineux qui en descendait et se posait sur le terrain où est la grande mosquée. Le roi se mit à l'œuvre et éleva sur la dépouille mortelle du patriarche le monument actuel, appelé Haram-el-Kalil.

Jadis les chrétiens le possédaient; sainte Hélène y avait élevé une église, et le tombeau était encore accessible à tout le monde. Les musulmans s'en emparèrent vers l'an 1200, et les rares visiteurs qui y sont entrés ont seuls pu donner de l'intérieur quelques descriptions exactes, ainsi que plusieurs écrivains musulmans. Il paraît donc, d'après leurs témoignages, que trois portes conduisent depuis l'intérieur de la mosquée jusqu'au lieu du cénotaphe d'Abraham. Ce cénotaphe est dans un édifice dont la porte de bois est plaquée d'argent avec des serrures et des cadenas de même métal.

[1] DANTE, *la Divine Comédie :* « Lasciate ogni speranza, voi ch'entrate. »

Les murailles sont revêtues de marbres précieux, et le cénotaphe recouvert de neuf tapis de soie verte magnifiquement brodés d'or. Vis-à-vis est le tombeau de Sara, sa femme. Les tapis qui le recouvrent sont rouges et brodés aussi très richement. De ce vestibule, on entre par une porte plaquée d'argent comme la précédente dans la mosquée d'Abraham proprement dite, qui renferme les cénotaphes d'Isaac, de Rebecca, de Jacob et de Lia, tous splendidement ornés. Cette mosquée est construite au-dessus de l'ancienne caverne achetée par Abraham pour lui servir de caveau sépulcral, ainsi qu'à toute sa famille. C'est donc là que reposent encore les os de ces vénérables personnages; mais dans quel état sont-ils maintenant? Au XIIe siècle, ils y étaient encore en entier, on en est certain. Un écrivain musulman raconte qu'en 1173 il vit à Hébron un vieillard, le chevalier Biran, Franc d'origine, qui lui assura que, sous le règne de Baudouin, un éboulement s'étant produit dans le caveau, le roi autorisa quelques Francs à y entrer, et lui-même y avait accompagné son père. Il vit Abraham, Isaac et Jacob, ayant la tête nue, et dont les linceuls tombaient en lambeaux [1]. Il ajouta que le chevalier Geoffroi de Tor avait été chargé par le roi de renouveler les linceuls et de réparer la brèche.

Un témoignage occidental semble assigner la même date à l'événement suivant : Un jour, un religieux du chapitre latin d'Hébron, en prière à l'église, sentit un souffle de vent frais sortir de deux dalles un peu disjointes. Il sonda l'interstice et le trouva profond; aussitôt il en avertit le prieur, qui ordonna de faire des fouilles à l'endroit désigné. Elles mirent à découvert l'entrée d'un caveau, où l'on descendit à l'aide d'une corde. Les religieux fouillèrent la crypte avec le plus grand soin, et découvrirent d'abord les ossements de Jacob ; au fond du caveau, le saint corps du patriarche Abraham, et aux pieds de celui-ci, les os d'Isaac, son fils. Les religieux lavèrent ces vénérables restes avec du vin, les exposèrent à la piété des fidèles, et les replacèrent dans leur caveau, restauré par le roi Baudouin. Les ossements des femmes de ces patriarches se trouvaient dans un autre caveau, séparé du premier par un mur. On trouva aussi de grands tonneaux remplis des restes d'anciens Israélites inhumés là.

[1] Il est probable que ces corps étaient embaumés comme les momies, du moins celui d'Abraham. N'a-t-on pas retrouvé le corps de Sésostris tout entier, il y a peu de temps?

Il faut nous contenter de tourner autour de la mosquée, sans pouvoir vérifier par nous-mêmes ces diverses explications. Je suis furieuse contre ces fanatiques musulmans, qui nous empêchent de visiter une tombe si vénérable; et vraiment, si je ne craignais de me causer quelque dommage, je déchirerais avec plaisir un pan de ma robe sous leurs yeux. Dent pour dent, robe pour robe, mépris pour mépris.

Nos chevaux nous attendaient sur la place. Un vieillard à tête superbe, à longue barbe blanche et coiffé d'un turban, s'approche de nous en faisant un salut profond, porte sa main sur son cœur et dit au drogman :

« *Naraksaïd!*

— C'est un cheik, » nous dit Morcos.

Je le regarde avec admiration; il ressemble à un juge d'Israël, ou plutôt à Abraham lui-même sorti de son tombeau.

« Du moins celui-ci, nous dit Mme M***, ne demanderait pas bakchich! »

Nous le saluons; puis, montant vite à cheval, notre petite troupe s'enfonce dans les ruelles étroites de la ville, et débouche en peu de temps au pied de la colline sur la grande route. Quelle n'est pas notre surprise d'y retrouver le vieux cheik, debout sur le chemin et drapé comme une statue antique, qui criait d'une voix chevrotante : « Bakchich! Bakchich! » Je suis écœurée; je lui jette une pièce, mais uniquement, je le jure, en souvenir d'Abraham!

Retour aux Vasques de Salomon, une heure.

Nous arrivons à midi près des Vasques; notre déjeuner est servi à l'ombre d'une antique forteresse appelée El-Bourak. Notre petite réunion est très gaie. On se rappelle avec plaisir quelques incidents de voyage, quelques chutes sans gravité qui ont égayé la monotonie du chemin, et je fais le portrait d'une de nos cavales. Les deux prêtres qui se sont réunis à notre groupe sont fort distingués et intelligents. L'un d'eux va faire une excursion en Égypte, et ne reviendra pas en France en même temps que nous; l'autre est très spirituel et un peu taquin, j'imagine; il m'appelle souvent Mlle Achille aux pieds légers!...

J'ai sans doute bien mérité ce surnom tout à l'heure par la glorieuse escalade que je viens de faire. En voyant passer près de nous quelques chameaux mélancoliques et dégingandés, Mme M*** me dit :

« Oh ! que j'aurais envie de monter à chameau ! »

Moi, qui partage entièrement son désir, je m'élance sur la trace des chameliers arabes, qui sont loin déjà sur la route. Tout à coup le courage me manque : je m'arrête, j'hésite; mais bientôt je me rappelle l'axiome fameux : « La fortune est aux audacieux ! » Vite, je reprends ma course; me voici près des Arabes; mais ils ne me comprennent pas, je fais une mimique désespérée, je montre le chameau, puis moi, puis ma bourse. Ils rient; ah ! c'est compris. L'Arabe de la tête saisit la corde pour traîner la grande bête derrière lui, deux ou trois Arabes suivent, et je précède le cortège jusqu'à l'endroit où nos compagnons sont rassemblés. Le seul aspect de cette gigantesque monture déconcerte Mme M***, qui refuse absolument d'y grimper. Cette chère amie m'abandonne au moment critique ; il me faudra donc toute seule entreprendre cette ascension tant soit peu mal commode. Le chameau est déjà replié sur ses jambes; il ressemble à présent à une grosse tortue privée de sa carapace. Je m'élance sur la bosse recouverte de quelques vieux manteaux en guise de selle : soudain un grognement formidable sort du corps de l'animal, je sens une oscillation violente, un tangage extraordinaire, et je crois qu'un tremblement de terre m'effondre dans l'abîme; mais non, tout se remet d'aplomb : la tortue est simplement redeveue chameau, et la voilà qui se met à marcher à grandes enjambées.

Pendant un bon quart d'heure je jouis du balancement doux et régulier de ce vaisseau du désert, puis je redescends sur terre. Ah ! que j'aime bien mieux celui-ci que notre *Poitou !*

Un peu après cet événement, et tandis que la maigre silhouette de ma monture s'évanouissait déjà à l'horizon, je vois se dessiner sur la colline un autre cortège, mais d'un appareil moins pompeux que le mien : c'étaient de simples bourriquets montés par deux pieux pèlerins accompagnés d'un moukre. Ces deux pèlerins étaient mon frère et ma sœur. Ah ! que je regrettais mon chameau en cet endroit ! avec quel orgueil n'aurais-je pas dominé les bourriquets ! Mais j'étais mise à pied, au contraire, et me trouvais bien petite sur la terre.

Maurice et Isabelle me racontèrent leur excursion à Beth-

Fontaine de la Vierge à Aïn-Karim.

léhem. Hier ils ont pris de fringants coursiers à la porte de Jaffa, et, réunis à un groupe considérable de pèlerins dont Flavie Novo et son père faisaient partie, ils ont célébré leur Noël à la Crèche, c'est-à-dire qu'une messe solennelle et touchante a été dite à minuit dans la sainte grotte. Une messe à cette heure dans ce lieu sacré, c'était profondément émouvant, et, pour ma part, je regrette fort de n'y avoir point assisté. Ils rentreront ce soir à Jérusalem; mais ils ont voulu tous deux visiter les Vasques de Salomon, et c'est grâce à ce projet que notre rencontre fortuite eut lieu.

Pour nous, qui devons chercher notre gîte du soir à Saint-Jean-de-la-Montagne (Aïn-Karim), nous allons remonter en selle pour suivre la route de Bethléhem jusqu'au célèbre tombeau de Rachel, élevé par Jacob à son épouse chérie, et qui est placé à la bifurcation du chemin d'Aïn-Karim.

Aïn-Karim, lundi soir.

Les vallées deviennent étroites et les chemins rocailleux. Mais nos regards reposent sur un vrai champ de roses naines, qui courent sur la terre à la manière des lianes. C'est la vallée des Roses (Ouâdi-el-Ouerd); mais je crois que ces petits rosiers envahissent tout le pays, car j'en vois dans toutes les vallées, qui mériteraient bien aussi de prendre ce titre charmant.

Arrivés vers six heures du soir sur une hauteur qui domine Aïn-Karim, nous tombons dans un véritable ravissement. On ne peut rien concevoir de plus beau que ce gouffre rempli de verdure, entouré de hautes montagnes, au milieu duquel s'élève gracieusement la ville, bâtie sur une petite élévation. Ces belles montagnes, qui ondulent comme des vagues, sont parfois couronnées de villages, Nebi-Samouïl, Kolounieh, etc. Leurs flancs, qui se rejoignent dans la vallée, sont très abrupts et donnent à ce pays un aspect sévère et grandiose.

Nous mettons pied à terre au couvent des Pères Franciscains, qui nous offrent une cordiale hospitalité; mais nous avons hâte, avant la nuit, de visiter les sanctuaires si précieux de la Nativité, de Saint-Jean-Baptiste et la Visitation de la sainte Vierge. La petite grotte où le Précurseur vint au monde faisait partie de l'habitation de saint Zacharie, et on l'a enclavée sous l'église. Elle est taillée dans le roc et ne reçoit de lumière que par six lampes coutinuellement allumées, qui y répandent une clarté douce. C'est le lieu même où naquit celui dont il est écrit : « Et toi, petit enfant, tu seras appelé prophète du Très-Haut, car tu marcheras devant la face du Seigneur pour lui préparer les voies. »

Pour nous rendre à la chapelle de la Visitation, élevée sur le versant de la montagne opposée, il faut traverser le village. Je suis frappée encore ici de la beauté des femmes, de leur noblesse et de leur grâce langoureuse; elles sont vêtues comme celles de Bethléhem, on les dirait toutes issues de la race royale de Juda. Elles se rassemblent en général autour de la fontaine de la Vierge, et y remplissent leurs urnes. On pense que Marie venait puiser de l'eau à cette source pendant le séjour qu'elle fit chez sa cousine Élisabeth.

Quelle visite inoubliable à la maison de campagne d'Élisabeth et de Zacharie, lieu de la Visitation! On voit à côté de l'autel un puits profond, qui contenait l'eau nécessaire à la sainte Famille. L'hymne virginale du *Magnificat* retentit sous ces voûtes et vibre encore dans l'âme émue. Ravissant cantique, qui fit tressaillir de joie le bienheureux fils qu'Élisabeth portait dans son sein, et après lui l'Église tout entière jusqu'à la fin des siècles! La Vierge l'a dit elle-même : « Toutes les générations m'appelleront bienheureuse. »

On vénère dans cette chapelle un rocher qui s'amollit comme de la cire pour recevoir le petit Jean. Au moment du massacre ordonné par Hérode, sainte Élisabeth s'enfuit dans les montagnes, poursuivie par les sicaires du tyran, et cacha son enfant sur ce rocher, qui garda son empreinte.

De retour au couvent des Pères, au coucher du soleil, depuis la terrasse élevée qui le domine, nous regardons les musulmans rassemblés pour commencer leur repas, dès que l'astre aura disparu.

Dans ce mois de Ramadan, qui est celui de leur grand jeûne, ils ne prennent aucune nourriture depuis le lever du soleil jusqu'à son coucher. Aussi semblent-ils attendre avec une grande impatience le rayon mourant. A Jérusalem, on tire le canon depuis la tour de David, pour avertir les sectateurs de Mahomet de cet instant solennel. On devine aisément que ce coup de canon doit être une musique fort agréable à leurs oreilles. Mais, si le jeûne est strict pendant le jour,

Mahomet n'a pas ordonné de le prolonger pendant la nuit; ses disciples peuvent donc continuer leur festin jusqu'à la nouvelle apparition du soleil.

Aïn-Karim, mardi matin.

Ce matin, de très bonne heure, nous sommes allés visiter Saint-Jean-du-Désert. Ce désert est situé dans les montagnes, au-dessus de la vallée du Térébinthe, dans un endroit des plus sauvages. Du reste, pour s'y rendre à cheval, il ne faut pas craindre les glissades; les sentiers sont très rudes et souvent en pente de 45°. Je sais une dame, montée sur un âne, qui perdit tout à coup son centre de gravité, et passa par-dessus la tête de sa monture; mais qu'elle se rassure, je ne la nommerai pas.

La grotte, très vénérée encore, du plus grand des enfants des hommes est accrochée au flanc de la montagne, et surplombe à pic la profonde vallée du Térébinthe. C'était vraiment un lieu admirablement choisi par Jean pour y pratiquer la pénitence avec une rigueur effrayante.

Combien l'âme virile du jeune enfant dut se fortifier dans cette solitude pour les rudes travaux qui l'attendaient, pour la vie militante de prédication qui allait préparer la mission de Jésus-Christ! Du reste, l'Évangile nous laisse entrevoir par quelques mots sobres la vie ascétique du saint Précurseur : « Or l'enfant croissait et se fortifiait en esprit, et il demeurait dans les déserts jusqu'au jour de sa manifestation devant Israël. » Et plus loin : « Or Jean était vêtu de poils de chameau; il avait une ceinture de cuir autour des reins, et il se nourrissait de sauterelles et de miel sauvage. »

Les sauterelles, du reste, sont un mets assez ordinaire en certains pays, tels que l'Éthiopie et l'Abyssinie; on dit même que les Arabes en mangent encore aujourd'hui. En tout cas, elles n'ont pas abandonné la région, on les voit sautiller dans l'herbe; elles ressemblent à des crevettes ailées, mais je ne sais si elles en ont le goût, et n'ai, pour ma part, nulle envie de l'expérimenter.

La grotte naturelle, taillée dans le roc, est gardée par un ermite qui en a soin; elle n'a subi que très peu de changements depuis saint Jean; elle est petite, n'ayant que cinq mètres de long sur trois de large.

Tout près de là se trouve le tombeau de sainte Élisabeth; car sans doute la sainte femme, après la mort de Zacharie, vint rejoindre son fils au désert, y vécut quelque temps près de lui et y mourut.

Depuis Saint-Jean-du-Désert on regagne Saint-Jean-de-la-Montagne en une heure. Revenus de cette belle excursion, nous attendons l'heure du départ dans le couvent des bons Pères. Encore une fois ce matin, une dernière visite au lieu de la Visitation, à la grotte de la Nativité de saint Jean, et un dernier coup d'œil à cette petite ville d'Aïn-Karim, nichée sur la colline comme un nid de colombes.

Morcos nous appelle, en route pour Jérusalem.

Jérusalem, mardi midi.

Le chemin qui monte depuis Aïn-Karim est un vrai casse-cou, au milieu d'éboulis de rochers et de crevasses. Souvent le cheval hésite, flaire un instant, tourne la tête de tous côtés, et se décide à escalader un rocher glissant. Impossible de le diriger dans ces endroits escarpés; son instinct intelligent, pourrait-on dire, est plus sûr que la main du meilleur cavalier.

Au bout d'une heure nous apercevons, au fond d'une petite vallée, le couvent schismatique de Sainte-Croix; il sert de séminaire aux Grecs; mais jadis il n'était autre qu'une église, élevée par l'empereur Honorius au lieu même où fut coupé l'arbre qui servit à faire la croix du Sauveur. Une légende touchante est rapportée à ce sujet : Loth, ayant commis une grande faute devant le Seigneur, se retira dans cette vallée en ne cessant d'implorer la miséricorde divine. Un ange lui apparut un jour, et, lui présentant trois boutures de cyprès, il dit :

« Plante et arrose ces trois boutures avec de l'eau que tu iras puiser chaque jour au Jourdain. Si elles prennent racine, ce sera le signe du pardon qui te sera accordé; si, au contraire, elles ne prennent pas, ce sera un signe de réprobation. »

Loth, plein d'espoir, s'en alla chaque jour au Jourdain et vit bientôt que ses boutures commençaient à croître. Or, un soir qu'il revenait du fleuve avec son outre remplie d'eau, il rencontra le démon sous la figure d'un pauvre qui lui demanda à boire. Loth s'empressa de lui présenter son outre; mais voici que plus loin de nouveaux démons, sous la forme d'autres pauvres, lui firent la même demande. Loth, ému de compassion, ne put leur refuser cette charité, si bien que lorsqu'il arriva et qu'il voulut arroser ses boutures, son outre était vide. Comme il était trop tard pour retourner au Jourdain, il se désespérait en voyant ses espérances anéanties; mais soudain l'ange lui apparut une seconde fois et dit :

« Ta charité a trouvé grâce devant Dieu; les boutures croîtront dorénavant sans être arrosées, et tu peux être assuré du pardon. »

En effet, ces boutures devinrent des arbres, et c'est l'un d'eux qui servit au bois de la croix du Sauveur.

Un peu plus loin, nous passons près d'une caverne appelée le Charnier du Lion. Dans une sanglante bataille livrée par les croisés contre les Sarrasins, un grand nombre de chrétiens périrent et restèrent sans sépulture; on vit alors venir un lion du désert, qui ramassa tous les cadavres et les porta dans cette caverne.

Avant de rentrer à Jérusalem, nous apercevons à gauche la piscine supérieure ou piscine des Serpents, aujourd'hui Birket Mamilla. C'est près de là que le prophète Nathan sacra Salomon roi d'Israël, et que le prophète Isaïe, voyant dans la suite des âges l'Incarnation divine, s'écria :

« Voilà que la Vierge concevra et enfantera un Fils, qui sera appelé Emmanuel. »

Au bout de quelques minutes de marche, nous franchissons les murs de la ville sainte par la porte de Jaffa.

XXIV

COUP D'ŒIL A TRAVERS LA VILLE

Mercredi matin, 16 mai.

Maurice et Isabelle, n'ayant pu hier nous rejoindre à Saint-Jean-de-la-Montagne, partent à l'instant pour faire cette excursion dans la journée. Me voici donc livrée à mon indépendance, et je lui lâche la bride ce matin. Somme toute, elle vaut mieux que le meilleur cheval arabe, qui conduit parfois... où l'on ne veut pas. C'est donc une promenade fantaisiste que j'entreprends au travers de la ville.

En errant dans les rues, je regarde cet aspect curieux, si différent de celui de mon pays, et je me dis :

Vraiment l'Orient est fait tout à l'envers de l'Occident, et il ne s'en porte pas plus mal!

Cependant voilà un paradoxe que je n'oserais soutenir, je préfère en laisser juge le lecteur. De même qu'il y a certains tableaux à double face, comme sont ceux de Daniel de Volterre qu'on voit au Louvre, où d'un côté de la toile est peinte une scène, et de l'autre côté une scène différente; ainsi je me retrace en esprit la peinture d'une ville occidentale avec ses usages et ses coutumes, en regard de cette ville orientale, type remarquable des cités d'Orient.

Et d'abord, en Occident, l'alignement des maisons, des fenêtres et des toits, la largeur des rues et leur entretien, constituent une belle ville. Les trottoirs sont faits pour les piétons, les rues pour les voitures et les cavaliers, et de nombreux gardiens maintiennent l'ordre et la paix. Hommes et femmes, en costumes sombres et étriqués, courent à leurs affaires d'un air pressé.

En Orient, rien de semblable. La police? Il n'en est pas besoin: chacun est armé et se protège soi-même. Les balayeurs de rue? Les chiens sauvages qui rôdent la nuit se chargent très bien de cet office. Ici les rues n'ont nul besoin de trottoirs, car tout y passe pêle-mêle, hommes, femmes, chameaux, ânes, mulets, chevaux et pèlerins; les trottoirs ne serviraient donc qu'à faire tomber bêtes et gens. Il est vrai qu'il ne passe point d'équipages; mais ils seraient fort déplacés en ce pays. Tous les moyens de locomotion, du reste, se trouvent à la portée de la main; à l'instant vous pouvez vous payer la fantaisie d'enjamber un bourriquet, ou de faire quelques kilomètres sur le dos d'un chameau.

Si les rues étaient bombées en dos d'âne, comme dans nos belles villes, que ce serait gênant! Les excavations qu'on y rencontre à chaque pas sont au contraire très commodes pour se retenir sur une pente glissante. Les rues sont tortueuses, je le reconnais; mais est-il prouvé que les rues droites fassent une belle ville? Je trouve, au contraire, que les lignes rompues sont d'un effet plus pittoresque, plus artistique.

Ces murs sans fenêtres ont peut-être un peu l'air de prisons. Mais que ferait-on de fenêtres dans ce pays du soleil? Quelques treillis, quelques grillages serrés, à la bonne heure, pour laisser entrer l'air, mais empêcher le soleil de pénétrer.

Puis ces costumes d'Européens, guindés, étroits, sombres, sont-ils vraiment jolis? J'avoue que ces riches couleurs orientales me ravissent; cette ampleur de draperies, l'éclat de ces parures, sont une fête pour les yeux; c'est un luxe, une débauche de couleurs!

Tous les Arabes, en général, marchent lentement, sans se presser jamais; les femmes ont une grâce majestueuse, et n'emprisonnent ni pieds, ni mains, ni... taille dans aucun fourreau. Elles se drapent dans de grandes étoffes blanches, la figure couverte d'un voile à dessins fantastiques de toutes couleurs, qui les empêche d'être vues en leur permettant de tout voir.

Après tout, les idées qu'on se fait de la beauté ne sont pas les mêmes ici qu'en France. En Orient, la beauté des femmes se mesure à la livre. Une femme belle est toujours une femme de poids: la beauté est en raison directe de l'embonpoint, Pour les hommes, la beauté consiste dans la barbe: la barbe est un ornement physique et un symbole moral; c'est un signe de force en même temps que de perfection; aussi, parmi les Orientaux, la valeur d'un homme est-elle cotée à la longueur de sa barbe. Que deviendraient ici nos Parisiens, par exemple, dont la barbe est capricieusement taillée comme les ifs du jardin de Versailles?

Cette haute estime que les Arabes ont de la barbe vient de ce que Mahomet jurait toujours par la sienne, qui était incomparable. Ils se servent encore aujourd'hui de cet axiome : « On ne peut faire telle injure à sa barbe, » et nous avons pris en France quelque fragment de cette idée en disant : « Rire à sa barbe, » ce qui est regardé comme fort impoli.

Mais j'aperçois un cortège qui s'avance au milieu de la rue encombrée : c'est un mort qu'on porte en terre. Les enterrements se font ici d'une manière moins pompeuse que dans nos villes occidentales, c'est peut-être même un peu... primitif!

Point de char funèbre, ni de fleurs, ni de mausolée luxueux; on n'entassera point sur la tombe du défunt des couronnes qui se flétriront demain, et tous les vivants ne seront pas mis en rumeur pour un seul qui est mort. Les Orientaux ont une manière plus simple de procéder. Le mort est placé sur une civière, sans cercueil, drapé dans un suaire et porté sur les épaules de quatre parents du défunt. Quelques pleureuses payent au mort un abondant tribut de regrets, et puis... suit qui veut. Quand on arrive au cimetière, on gratte un peu la terre et l'on « verse », c'est le mot, le cadavre à côté de son grand-père, car il est impossible, dans un cimetière arabe, de creuser la terre à plus de cinquante centimètres sans découvrir les os de quelque brave musulman. Une aumône est faite au mort : on dépose quelques aliments sur sa tombe, et c'est souvent un pauvre chien sauvage qui en bénéficie et les avale prestement pour son dîner.

Et les noces arabes se passent-elles d'une manière aussi simple? Non pas. Cette fois rien n'est plus poétique, plus touchant et plus joyeux. Suivez le cortège de la fiancée, il vient de quitter sa maison et va au-devant de celui de l'époux à la porte de Jaffa. Les femmes qui accompagnent la jeune épouse portent chacune une lampe d'une main, de l'autre, une mesure d'huile, tout comme il est raconté dans la parabole des vierges sages. L'époux arrive avec sa suite : les deux cortèges se joignent, et l'on marche à travers les rues au son du tambourin. Les femmes chantent en chœur; une voix énumère les vertus de la femme, et le chœur répond :

« Mais cette vertu, l'épouse la possède. »

Devant eux, les époux font porter les cadeaux qu'ils ont reçus, attention délicate pour les généreux donateurs ; ils se font aussi précéder des meubles qu'ils possèdent, et même de ceux qu'ils ne possèdent pas, car souvent ils en louent pour figurer à cette parade. La cérémonie religieuse, qui consiste en ablutions et en invocations à Allah, se fait le matin même à la mosquée El-Aksa. Mais la fête n'est pas finie, elle dure encore trois jours en danses et réjouissances de toutes sortes.

Je ne décrirai pas ici un prosaïque mariage occidental. A part la cérémonie de l'église, qui est fort belle et touchante, qu'y a-t-il de poétique dans cette affaire? De nos jours, on se marie à la vapeur; on sort à peine de la sacristie, que le train siffle déjà pour emporter la mariée : le voile blanc, la robe blanche, disparaissent en un tour de main. Les valises empilées, les caisses amoncelées, les chevaux qui piaffent dans la cour refoulent les émotions du départ, c'est à la vapeur qu'on se dit adieu. C'est fini!

A la distance où je suis, certainement l'usage oriental l'emporte, car tout dépend dans la vie du point de vue où l'on se place. Vous êtes armé d'une lunette, très bien : l'important est de la mettre au point. Si vous regardez l'Orient, il ne faut pas la mettre au même point que pour l'Occident, sans quoi on risquerait fort de voir trouble.

N'est-ce pas ce qui fait naître tant de discussions entre les hommes? C'est que chacun s'entête à ne pas changer le point de sa lorgnette, et que personne n'y voit de la même manière. N'y a-t-il pas des peintres qui voient bleu, rouge, gris, etc.? Ceux-là, par exemple, feraient bien de mettre des lunettes.

Les Orientaux n'en portent pas, eux; c'est ce qui fait peut-être qu'ils sont contents de leur sort; ils ne vont pas chercher les modes ni les usages des autres pays.

Je pourrais encore décrire diverses coutumes et en faire le parallèle avec les nôtres, mais je ne veux pas faire ici une étude complète de mœurs, car je m'en vais tout simplement de par la ville, au gré de mon caprice, attirée ici par un cortège funèbre ou nuptial; là, par un effet artistique, curieux ou comique, comparant en moi-même nos singulières habitudes, nos costumes bizarres, nos usages si différents avec les mœurs orientales; et si parfois je suis tentée de donner le premier prix à celles-ci, c'est uniquement parce que j'ai mis ma lunette au point... de l'Orient!

XXV

VALLÉE DE JOSAPHAT

Jeudi, 17 mai.

J'ai cru assister ce matin à la fin du monde, ou plutôt au jugement général, car nous avons fait une excursion très intéressante au lieu où il est écrit qu'il se passera.

Cette vallée de Josaphat est bien propre, en effet, à évoquer les ombres des morts, car on n'y voit que des tombeaux. Il s'en dégage une atmosphère de tristesse et d'effroi. Rien que des roches nues, des amas de pierrailles qui ressemblent aux ossements qu'un jour Ézéchiel vit marcher et vivre; rien que des tombes brisées, cippes funéraires, arbres rachitiques, peu de verdure, et, au milieu de cette désolation, un torrent desséché qui est le Cédron.

Que de souvenirs tristes et saints renferme cette vallée: l'agonie du Fils de Dieu, la trahison de Judas, le douloureux trajet du Sauveur garrotté, conduit à Jérusalem dans la nuit par les sbires de Caïphe, le souvenir des prophètes et des martyrs, et la pensée grandiose, effrayante, de la venue du Juge suprême au dernier jour du monde!

Écoutons, écoutons la prophétie de Joël qui retentit dans cette lugubre contrée: « J'assemblerai toutes les nations, je les amènerai dans la vallée de Josaphat, et j'entrerai en jugement avec elles. » C'est un grondement sourd qui monte; ce sont les strophes du *Dies iræ,* répercutées dans ces cavernes sépulcrales, et je pense aussitôt à cette lamentable scène du *Jugement dernier* de Michel-Ange, œuvre ravagée elle-même, qui annonce le ravage et la fin de toutes choses: « Regarde la fin de la beauté, de la forme et de toute richesse! » Ici, tout viendra s'anéantir, il ne restera plus en présence que les vertus et les péchés. C'est peut-être en regardant cette « vallée de larmes » du haut de son palais que Salomon s'écria :

« Vanité des vanités, tout n'est que vanité ! »

Plongés dans ces graves pensées, nous suivons tous trois le petit groupe conduit par le frère Liévin, qui nous éclaire

Tombeau d'Absalon, dans la vallée de Josaphat.

sur chaque point obscur, mettant à nu tous les coins mystérieux de cette contrée redoutable. Depuis la porte de Sitti-Mariam, nous descendons près du tombeau de la sainte Vierge et du jardin de Gethsémani, pour rejoindre le chemin que suivit Jésus enchaîné, et qui se nomme la voie de la Captivité. Cette voie traversait le Cédron pour entrer dans la ville. Le Sauveur tomba à cet endroit même, accomplissant la parole du prophète : « Il boira dans sa course de l'eau du torrent. » Les empreintes sacrées de ses pieds et de ses genoux se sont imprimées dans la pierre, nous avons baisé ces vestiges vénérables.

Notre guide nous fait quitter cette voie, qui remonte à Jérusalem, pour visiter au pied du mont des Oliviers le cippe funéraire qu'Absalon s'érigea de son vivant, afin d'éterniser sa mémoire. Il n'y fut pas enseveli, mais ce mausolée a gardé son nom. C'est un magnifique monument monolithe composé de trois ordres d'architecture : ionique, dorique et égyptien, qui sont habilement harmonisés.

Plus loin, sur la pente du mont du Scandale, se trouve le tombeau de saint Jacques le Mineur, premier évêque de Jérusalem et martyr. Pour y pénétrer, il faut se baisser et ramper sous le rocher; puis on arrive dans le monument, soutenu par deux colonnes et deux pilastres. Une inscription hébraïque fait remonter ce caveau sépulcral à la famille d'Aaron. Tout près s'élève le tombeau de Zacharie, fils de Barachie, tué par les Juifs « entre le temple et l'autel ». Très probablement ce Barachie est le même personnage que Joïada, grand prêtre du temps d'Athalie.

Sur le versant du mont du Scandale, le frère nous montre l'endroit où se pendit Judas, puis le petit village de Siloé, accroché à ce mont et composé seulement de misérables cabanes. Jadis Salomon avait bâti en ce lieu des temples aux idoles; il n'en reste plus rien. Je pense que leurs ruines ont croulé sur les pentes abruptes, et forment ces amas de pierrailles blanchies si semblables à des ossements. Près d'une petite mosquée en ruines se trouve la fameuse pierre Zoheleth, sur laquelle Adonias, fils de David, donna un festin à ses partisans et se fit proclamer roi, tandis que David faisait sacrer Salomon.

Il fait une chaleur d'étuve entre ces monts escarpés, qui enserrent la vallée de Josaphat. Le Cédron ne nous donne aucune fraîcheur, puisqu'il est absolument à sec ; on a peine à croire, en voyant les torrents de la Palestine en cette saison, que l'un d'eux, le Nahr-el-Kelt, à la suite des pluies d'avril s'est tellement gonflé cette année, qu'une trentaine de pèlerins de Nébi-Mouça y ont été noyés.

En suivant le Cédron, nous arrivons en peu de temps à la fontaine de Siloé ou de la Sainte-Vierge, appelée ainsi parce que Marie venait y laver les langes de Jésus pendant son séjour à Jérusalem, lors de la Présentation de son divin Enfant au temple. Cette fontaine, située au pied du mont Ophel, est assez profonde : on descend dans une galerie taillée dans le roc, qui aboutit à une large chambre où l'eau est recueillie; mais nous ne pouvons y pénétrer, parce que les soldats turcs s'y baignent.

La piscine de Siloé est creusée un peu plus loin. Elle est à jamais célèbre par le miracle qu'y fit Notre-Seigneur en ouvrant les yeux à un aveugle-né, qui devint plus tard saint Sidoine. Assis au bord de cette belle piscine, nous écoutons la lecture du saint évangile qui raconte ce prodige. Aux premiers siècles de l'Église, on venait s'y baigner pour obtenir la guérison de toutes sortes de maladies. Une église y fut même bâtie et dédiée au Sauveur Illuminateur. Les eaux qui avaient servi aux bains s'écoulaient par une ouverture dans la piscine du Roi, qui est proche; elles en sortaient pour arroser les jardins du roi, car le nom primitif de la vallée de Josaphat était vallée du Roi. Les femmes de Siloé viennent encore y laver leur linge: ces jardins sont les seuls endroits aux alentours de Jérusalem qui gardent la fraîcheur et produisent des légumes pendant toute l'année; malheureusement le Cédron, souvent grossi par les pluies d'orage, déborde de son lit, les inonde et emporte la récolte dans un accès de fureur. La saison des pluies passée, les fellahs de Siloé, à qui appartiennent ces jardins, se mettent à l'œuvre et réparent les dégâts du torrent.

Vis-à-vis la piscine de Siloé, mais au sud, un gigantesque mûrier blanc attire le regard par son ampleur et sa vétusté; il marque le lieu où le prophète Isaïe fut scié en deux par l'ordre du cruel Manassès. Ainsi de tous temps les tyrans ont fait taire les voix gênantes, celles qui reprochent les crimes ou proclament trop haut la vérité. Seulement les moyens varient avec les âges : jadis la scie, le fer; au dernier siècle, la guillotine; en celui-ci, l'expulsion ou l'exil. C'est moins brutal et peut-être plus sûr, car parfois le sang répandu crie vengeance.

Un peu plus loin dans la vallée, presque à l'entrée de celle de Gihon, le frère Liévin nous montre un monument isolé qui s'appelle le puits de Job (Byr-Ayoub). Les Israélites, partant pour la captivité, y cachèrent le feu sacré du temple. A leur retour, soixante-dix ans après, ils ne trouvèrent plus à cette place que de l'eau bourbeuse. Le prophète Néhémie leur commanda d'arroser les victimes du sacrifice avec cette eau; soudain le soleil, y dardant ses rayons, mit le feu à l'holocauste.

Nous entrons à présent dans la vallée de Ben-Hinnon, qui prolonge celle de Josaphat, en contournant le mont Sion au nord, et aboutit à la porte de Jaffa. C'est encore une vallée sinistre. Autrefois les Israélites infidèles y élevèrent une idole à Moloch et lui sacrifièrent des victimes humaines. Le prophète Jérémie, irrité de ce crime, cria partout dans la ville coupable : « Les enfants de Judas ont bâti les hauts lieux de Tophet, qui est dans la vallée du fils d'Hinnom, pour y consumer leurs fils et leurs filles, abomination que je ne leur ai point ordonnée. C'est pourquoi le temps va venir où l'on n'appellera plus ce lieu Tophet ni la vallée du Fils d'Hinnom, mais vallée du Carnage, et l'on ensevelira les morts à Tophet, parce qu'il n'y aura plus d'autre lieu pour leur sépulture. »

La prophétie de Jérémie est largement accomplie, car il est impossible de compter le nombre de sépultures accumulées en ces lieux.

Un jour, le même prophète vint ici par l'ordre de Dieu, portant en ses mains un vase en terre cuite, qu'il brisa devant les Hébreux en disant : « Je briserai ce peuple et cette ville comme est brisé ce vase de terre, sans qu'il puisse être refait. » Et les éclats s'en répandirent dans la vallée.

Sur le versant du mont du Mauvais-Conseil, ainsi appelé parce que les Juifs s'y assemblèrent pour délibérer sur la mort de Jésus, nous gravissons une pente assez raide pour arriver au champ Haceldama, acheté à un potier avec les trente deniers du traître Judas. Au milieu du champ, qui appartient aux Arméniens non unis, se trouve une grande ruine encore remplie d'ossements, parce que c'est là qu'on enterrait jadis les étrangers. Ce champ ne nous inspire qu'une légitime horreur : c'est le prix du sang, et du sang d'un Dieu trahi par son apôtre !

Nous rentrons dans la ville sainte par la porte de Jaffa, qui commande trois routes : Bethléhem, Hébron et Jaffa. Elle est la plus importante de toutes les portes de Jérusalem. L'accès en est absolument interdit aux Juifs, si chaque sultan à son avènement n'a le soin d'en faire remettre la clef au grand rabbin, en signe de la liberté qu'il leur accorde de circuler librement en Palestine. Le refus de cette clef ou même un simple oubli retiendrait toute la tribu israélite captive dans l'enceinte de la ville.

XXVI

UNE NUIT AU SAINT TOMBEAU

Vendredi, 18 mai.

Voici une nuit incomparable et bénie, que je viens de passer près du tombeau. C'est une nuit remplie comme un siècle, et courte comme toutes les joies de ce monde!

Pourrais-je jamais dire les émotions intenses, les prières ardentes qui jaillissent du cœur, les effluves de bonheur qui pénètrent l'âme à la pensée de veiller le divin Enseveli? Il n'est plus là, c'est vrai, il est ressuscité glorieux; mais sa présence a embaumé ce tombeau, mais le chant de victoire se mêle au chant de douleur, et voilà pourquoi nous sommes heureux. C'est une joie affranchie des soucis de la terre, qui étreignent si souvent et étouffent si vite nos pauvres joies terrestres. C'est une joie ineffable, sans mélange d'inquiétude, sans recherche de soi-même, c'est entrevoir le ciel... Et comment raconter? Saint Paul, ravi au troisième ciel, ne pouvait rien décrire, lui qui savait pourtant le langage des anges: comment pourrions-nous, simples mortels, balbutier quelques mots de cette échappée céleste?

Et puis le pourrait-on, on ne confierait pas au papier ces choses intimes, qui ne doivent pas sortir du cœur. Ceux qui ont vu Jérusalem savent et comprennent ces choses-là, j'en appelle à tous les pèlerins.

Il me revient à la mémoire ces belles parole de Lacordaire: « Il est un homme dont une portion de l'humanité reprend les pas sans se lasser jamais. Il est un homme flagellé, tué, crucifié, qu'une inénarrable Passion ressuscite de la mort et de l'infamie, et cet homme, c'est vous, ô Jésus! » Car cet Homme l'a dit lui-même : « Quand je serai élevé en croix, « j'attirerai tout à moi. » Ce mot explique l'élan qui pousse de toutes les parties du monde, sans distinction de culte religieux, des pèlerins qui viennent tous rendre un hommage ardent au sépulcre du Christ. C'est une émulation merveilleuse entre les peuples, c'est un divin courant de foi et d'amour. Le Sépulcre est un foyer vers lequel tous les rayons convergent, et qui renvoie à tous la chaleur et la lumière.

Mais il est temps de raconter par ordre le récit de cette mémorable nuit. A huit heures du soir nous quittions Casa-Nova, ma sœur et moi, avec Mme M***, Mlle de Lyon et M. l'abbé Poirier ; mon frère devait se trouver déjà dans l'église, car demain dès l'aube il aura le bonheur de dire sa messe sur le saint tombeau. La lune éclairait les rues désertes : on ne sort plus guère à Jérusalem après le coucher du soleil. Il était temps d'arriver, les Turcs allaient fermer la porte, et cette nuit nous serons vraiment en prison, gardés sous clef dans la basilique par ces impitoyables geôliers. Cependant, il faut leur rendre justice, les Turcs sont un peuple qui ne crée rien, mais qui garde tout religieusement et ne détruit jamais.

Pendant que, prosternés près du tombeau, nos prières s'échappent aussi vives que les battements de nos cœurs, nous entendons dans le lointain un chant ravissant qui monte et se répand sous les voûtes sacrées comme un concert angélique et invisible. Ce sont les Russes qui chantent au Calvaire. Je n'ai rien entendu de si suave. C'est une mélopée plaintive dans le mode mineur, chantée à deux voix : les femmes avec la voix de soprano, les hommes accompagnent en tierce dans une gamme plus grave. Il y a de la fantaisie dans ce chant : ils obéissent, je crois, à une inspiration spontanée, un peu à la manière des tziganes, mais avec une douceur incomparable. Cette mélodie nous ramène au Calvaire. La lumière tamisée des lampes de mille couleurs prête un charme pénétrant à cette musique étrange dans un lieu si saint. Ah! certes, l'âme est sensible à la beauté extérieure; il n'y a pas que les sens qui en soient frappés : la musique religieuse a une indéniable influence sur l'âme. La beauté, l'art, autrement dit, est une passerelle qui conduit des sommets de la terre à l'entrée du ciel!

Nous restons émus et comme terrassés à la pensée de cette

grande et incomparable scène, qui se déroule en ce même lieu, le plus auguste de la terre avec le saint Sépulcre. On entend encore résonner dans le silence du cœur les sept admirables paroles sorties de la bouche mourante du Sauveur. On écoute sa recommandation suprême, empreinte de tendresse, à son disciple préféré : « Voilà votre Mère ! » et celle qui nous donna à Marie : « Femme, voilà votre Fils ! » Il nous semble voir encore le visage exsangue du Sauveur qui se penche, et cette blancheur d'ivoire répandue sur tout son corps. Ses lèvres décolorées, brûlantes de fièvre, et plus encore, son cœur altéré d'amour, ont soif, soif des âmes. Ah ! telle qu'elle est, la Victime adorable, abîmée dans la douleur, est encore le consolateur de tous :

Vous qui pleurez, venez à ce Dieu, car il pleure.
Vous qui souffrez, venez à Lui, car il guérit !

Lors donc, dit saint Jean dans son Évangile, que Jésus eut pris du vinaigre, il dit : « Tout est consommé ! » Et, inclinant la tête, il rendit l'esprit.

Après une longue station au Calvaire, nous descendons dans la basilique pour vénérer tous les lieux saints qu'elle renferme. Le saint Sépulcre est envahi par les Grecs, qui y célèbrent leur office. Leurs chants sont bien différents de ceux des Russes et nous paraissent absolument discordants ; ce sont des notes aiguës et criardes, des modulations nasillardes interminables ; tout à coup ils montent la gamme, sautent de trois à quatre tons à la fois, et restent sans fin sur la même note ; c'est insensé de chanter ainsi : on croirait que tous les oiseaux de nuit se sont donné un bruyant rendez-vous dans la basilique , l'harmonie seule a fui à tire-d'aile. Cela nous fait fuir aussi. Nous nous enfonçons sous les sombres voûtes, chacun son flambeau à la main.

Cette procession nocturne, furtive, me fait penser aux saintes femmes cherchant où l'on avait mis le Seigneur, parce qu'elles ne le trouvaient plus au tombeau. Nous allons ainsi visiter chacune des places marquées par quelque souvenir sacré ; et d'abord, à trente pas du saint Sépulcre, nous nous agenouillons sur une rosace en marbre qui indique la place même où Marie Madeleine cherchait le Seigneur, toute noyée dans ses larmes, toute languissante d'amour, comme dit l'hymne sacrée : *Christi amore languida.* Elle rencontre son divin Maitre ressuscité ; deux mots sont échangés entre eux :

« Marie!... Rabboni! » Mais quel accent dans ces deux mots! Accent d'amour divin! accent de bonheur et de foi! Le cœur s'arrête avec attendrissement sur cette touchante scène racontée dans l'Évangile; il comprend à demi, il entrevoit, il adore ce mystère d'amour. Et pour cette bienheureuse femme qui a vu la première son Sauveur ressuscité, c'est une gloire incomparable qui rayonne sur son front, une étoile qui ne pâlira jamais.

La chapelle des Pères Franciscains est tout près de là; elle garde le souvenir de l'apparition de Notre-Seigneur à sa sainte Mère, qui, depuis la mort de son Fils, ne pouvait vivre éloignée du tombeau. Il lui apparut pour la consoler de ses douleurs, et changer ses larmes amères en larmes de joie. Cette chapelle possède la précieuse colonne de la Flagellation, qui garde encore des traces du sang de Jésus-Christ. Elle est en porphyre et n'a plus que soixante-quinze centimètres de hauteur. Celle qu'on vénère à Rome est la colonne où Notre-Seigneur fut attaché dans la maison de Caïphe, la nuit du jeudi au vendredi saint.

En sortant de cette église, on trouve à gauche une sombre chapelle qui appartient aux Grecs et se nomme la prison de Notre-Seigneur, parce que c'est là qu'il fut enfermé quelque temps avec les larrons, pendant qu'on faisait les apprêts de leur supplice. Un peu plus loin, nous descendons sous terre par un escalier obscur qui nous conduit dans l'église arménienne de Sainte-Hélène, où la sainte impératrice priait en présidant aux fouilles pratiquées pour retrouver la vraie Croix. Cette chapelle est de style byzantin, en partie taillée dans le roc et décorée de lampes et d'œufs d'autruche suspendus à la voûte.

Nous nous enfonçons plus bas encore dans la chapelle franciscaine de l'Invention de la Sainte-Croix. C'était jadis une vieille citerne abandonnée, dans laquelle on jeta la croix du Sauveur et celle des deux larrons. Quand les ouvriers arrivèrent au fond, ils découvrirent les trois croix; mais comment reconnaître celle du Sauveur? Un miracle trancha la question. Saint Macaire, évêque de Jérusalem, les fit toucher successivement à un cadavre qu'on portait en terre; au contact de la vraie Croix, le mort ressuscita. Sainte Hélène fit placer la précieuse relique dans un magnifique reliquaire d'argent, et la croix, qui jusqu'alors était un signe d'ignominie, devint un signe de gloire.

Après la visite de ces chapelles souterraines, nous remontons à une autre pour y vénérer la colonne des Opprobres, qui servit de siège à Notre-Seigneur pendant son couronnement d'épines; puis nous passons de nouveau près du Calvaire. Partout, sur notre passage, nous trouvons des gens étendus par terre au pied des colonnes, à l'entrée des chapelles: ce sont des schismatiques, venus comme nous pour passer la nuit dans ce lieu saint. Hommes et femmes prennent quelques instants de repos, au milieu de leurs prières.

Nous-mêmes, nous allons nous jeter tout habillés sur de simples couchettes, mises à la disposition des pèlerins par les Pères Franciscains, en attendant que les offices divers des Grecs, Arméniens, Coptes soient terminés. Nous ne fermons pas l'œil; à trois heures, un bruit étrange de carillons et de clochettes nous fait sauter hors de nos grabats. Mais la nuit est encore profonde, c'est en trébuchant que nous descendons l'escalier qui aboutit à l'entrée de la chapelle franciscaine. Le carillon persistant nous ramène devant le saint Sépulcre; ce sont les popes qui font des encensements tout autour du saint édicule et jusque dans les profondeurs de la basilique, avec des encensoirs ornés de nombreuses clochettes. Ces popes sont habillés de vêtements sacerdotaux de toute beauté, sortes de chapes en soie violette, jaune, verte ou en velours rouge brodé d'or. Une superbe mitre, ronde comme un globe, en drap d'or ou d'argent, surmonte leur tête. Toutes ces richesses miroitent, ruissellent sous les feux des mille lampes du sanctuaire : on dirait des chatoiements de pierres précieuses.

Nous entrons dans la chapelle grecque; les prêtres continuent à encenser les fidèles; l'air est chargé de parfums; les bouffées d'encens d'Arabie montent en spirale jusqu'à la voûte, et l'on se voit à peine au travers des nuages embaumés.

A trois heures, ils cessent leurs offices; les lumières s'éteignent, les parfums s'évaporent, la fumée flotte encore dans l'air; mais du moins le silence se rétablit. Le saint Sépulcre nous est livré; cette fois ce sont nos prêtres qui offrent le saint sacrifice sur la véritable pierre du sacrifice, la plus sainte du monde.

Quel autel et quel temple : le tombeau de Jésus-Christ et le rocher qui vit les gloires de sa Résurrection! Que le bonheur du prêtre est grand et profond, quand il offre la Victime sainte au lieu même où elle reposa, ensevelie! Mais pour nous, quelle joie infinie de voir un frère élever entre ses mains tremblantes l'Hostie adorable !

A six heures seulement nous sortons de la basilique, heureux et recueillis, avec la conviction intime qu'un pèlerinage à Jérusalem ne serait pas complet si l'on ne passait une nuit au saint Sépulcre.

XXVII

SECONDE VISITE A BETHLÉHEM

Samedi matin.

Hélas! la fin de notre séjour arrive trop vite. Lundi nous prendrons la route de Jaffa. J'éloigne cette pensée de mon esprit, elle m'assombrirait trop. Et pourtant le nom de la France est un aimant irrésistible qui nous attire vers ses rivages. Je brûle de revenir, et je pleure de quitter Jérusalem. Étrange perplexité du cœur humain, toujours partagé en ses désirs. Ah ! c'est que, quand une joie nous quitte, est-on sûr de la retrouver jamais? Et puis, quitter une joie, n'est-ce pas laisser un lambeau de son cœur aux épines de la route?

La perspective de retourner à Bethléhem chasse de mon esprit ces tristes pensées. En effet, on ne peut résister au charme pénétrant de cette petite ville joyeuse, qui servit de berceau et d'abri au doux Enfant Jésus. C'est le charme des sourires d'enfant, de la jeunesse et de la grâce, qui nous enchante ; rien n'est plus séduisant que ce charme-là.

Nous formerons une toute petite caravane, et nous prendrons des ânes à la porte de Jaffa.

Bethléhem, dix heures du matin.

Nous n'avons pas fait cinq cents mètres sur la route, montés sur nos baudets, qu'un tumultueux nuage de poussière apparaît tout à coup derrière nous; il en sort d'abord des cris, puis enfin des moukres assis sur des ânes lancés au galop. Ils s'abattent sur nous comme une trombe; les moukres se précipitent sur Isabelle avant que nous ayons le temps de lui porter secours, la désarçonnent malgré ses protestations, en un clin d'œil la font grimper sur un autre âne. Aussitôt ils fondent sur moi et se préparent à recommencer un nouveau siège en criant : « Pas bono! pas bono! » Mais comme j'étais contente de ma monture, je leur réponds à coups de cravache. M. l'abbé Masquelier arrive à la rescousse et les force à quitter la place. Qu'est-ce que cela voulait dire? Je ne sais; les moukres ont une singulière manière de s'exprimer, criante ou frappante; ils ne comprennent de même que ce langage. Je suppose que ces coquins voulaient gagner l'argent de notre course, en nous substituant leurs ânes au détriment de l'autre ânier.

Le voyage s'achève sans autre incident, et à neuf heures nous sommes réunis dans la grotte, autour de l'autel de la Nativité. Cette fois, je regarde tous les détails de ce vénérable sanctuaire pour les graver dans ma mémoire, et je me sens inondée de paix et de bonheur.

Il est encore d'autres grottes qui communiquent avec celle de Jésus par des couloirs taillés dans le calcaire. C'est d'abord celle des saints Innocents, où beaucoup de mères infortunées avaient caché leurs enfants pour les préserver du massacre d'Hérode; mais les bourreaux les découvrirent, et le sang des petits martyrs coula sur la terre à flots. « Nous vous saluons, fleurs et prémices des martyrs, qu'une épée cruelle a moissonnée dès l'aurore de vos jours, comme un tourbillon de vent emporte les roses naissantes [1]. »

Celle de saint Joseph est tout près : c'est là qu'il reçut la visite de l'ange qui lui ordonna de fuir en Égypte. D'autres couloirs conduisent aux tombeaux de sainte Paule et de sainte Eustochium, sa fille, et à la grotte de saint Jérôme, où ce grand athlète de la foi approfondissait les saintes Écritures, traduisait la Vulgate et écrivait ses apologies.

Je viens de faire une visite aux parents de ma filleule, et je suis ravie de l'accueil qu'ils m'ont fait, ces braves gens. Élias nous a conduites toutes trois, Mme M***, ma sœur et moi, dans leur demeure, laquelle est tout simplement une grotte taillée dans le roc, absolument semblable à celle de la Nativité ou de l'Incarnation à Nazareth. Ces excavations, qui conservent

[1] Hymne de la fête des saints Innocents.

Bethléhem. (Intérieur de l'église de la Nativité.)

la fraîcheur pendant l'été, servent à la fois de salon, de cuisine et de salle à manger. Souvent une petite construction en maçonnerie précède la grotte et renferme sans doute la chambre à coucher. Le salon est figuré par une natte étendue par terre, et sur laquelle on s'assied les jambes repliées en forme d'X.

Hanna, venu au-devant de nous, nous présente son épouse, belle et grande femme appelée Félomène; tous deux nous font, avec force sourires, les honneurs de leur foyer. Dans les bras d'une fillette, j'aperçois un petit paquet qui n'est autre que ma filleule Mariam; la fillette est sa grande sœur, et s'appelle Nichmé, qui veut dire « étoile ». Je dépose un baiser sur le front de Mariam et la prend dans mes bras. Elle crie; il n'y a pas d'arabe qui tienne, les cris du jeune âge sont partout les mêmes. Je la rends bien vite à Nichmé, qui s'assied par terre devant moi. C'est un joli tableau, et je tire mon crayon; mais le petit paquet s'agite en pleurant, je ne puis tracer que quelques traits. Alors, assise sur une natte à la manière orientale, j'entreprends une conversation avec « l'étoile du foyer », tandis que ses parents font bouillir le café en notre honneur. Heureusement Élias l'interprète est là, car ce dialogue est un vrai « charabia » pour elle comme pour moi.

Bientôt des figures nouvelles apparaissent sur le seuil : quelques jeunes gens, une femme, un grand vieillard qui parle un peu français ; ce sont des parents ou des amis convoqués pour la circonstance. On se donne de cordiales poignées de main; mais le café tarde bien, et la conversation bat de l'aile. Je fais expliquer par Élias que nous sommes pressés, que l'heure nous oblige à quitter la demeure hospitalière. Hanna fait des signes désespérés; mais décidément l'eau a résolu de ne pas bouillir, car nous attendons vainement dix minutes encore.

Hanna, désolé, court chercher un vin tout doré et parfumé, et nous acceptons, cette fois, car l'Arabe pratique l'hospitalité comme une loi et comme une vertu; la refuser serait lui faire injure.

Le vieux chef de famille s'approche de moi et me prie poliment de lui prêter mon mouchoir. Je me demande avec angoisse si c'est pour son usage personnel; je suis ses mouvements tout anxieuse; mais non, c'est pour le remplir de chapelets, de croix, d'objets en nacre, cadeaux de ces généreux

Arabes. Plus je veux mettre de bornes à cette prodigalité, plus il empile chapelets sur chapelets. J'en étais confuse. Je le remercie en mettant ma main sur mon cœur et en couvrant la petite Mariam, non de baisers, mais de bakchichs. Nous nous serrons tous tendrement la main, et Hanna me fait promettre de lui écrire aussitôt mon retour en France.

Il me reste de cette visite à Bethléhem un doux, joyeux et charmant souvenir, embaumé comme le champ de Booz qui s'étend à côté.

XXVIII

DERNIERS JOURS A JÉRUSALEM

Samedi soir.

Cet après-midi fut consacré à nos dernières visites dans la ville sainte, puis il me restait à achever un croquis commencé dans une rue très pittoresque. Mais quelle difficulté, quel labeur de peindre en plein air parmi ce peuple de curieux! J'essayai à nouveau aujourd'hui, accompagnée d'Isabelle et de notre amie Mme M***; en un instant j'avais trente indigènes sur le dos, se bousculant pour mieux voir, et encore, s'ils s'étaient contentés de regarder, appuyés sur mes épaules, mais plus d'un doigt tartina ma toile fraîche, et ma patience fut mise à une rude épreuve. Un soldat turc s'interposa pour repousser la marée montante; mais il fut bientôt débordé, et je ne vis plus qu'un moyen de salut: plier bagage et m'enfuir à toutes jambes à travers la foule, tandis que mes compagnes, à demi pâmées, retournaient à Casa-Nova.

Je rôdai dans les rues, ma boîte sous le bras, en quête de quelque quartier désert ou de quelque Arabe assis solitairement, fumant le narghilé. Hélas! si je faisais mine de m'installer, à l'instant il sortait de terre, je crois, une nuée de curieux qui m'enveloppait : je puis dire une nuée sans métaphore, en comptant les parasites logés sur les gens.

Fatiguée, exaspérée, je revins à Casa-Nova, chercher ma sœur pour faire quelques dernières visites aux lieux saints. L'un d'eux surtout nous attirait puissamment: c'était la grotte de la Nativité de la sainte Vierge, située dans le couvent des

Pères blancs de Mgr Lavigerie, sous une magnifique église qu'ils achèvent de bâtir et ont dédiée à sainte Anne.

Nous descendons dans la crypte sombre : une petite lumière nous guide à travers le souterrain, c'est celle qui brûle constamment devant l'autel. L'angélique Vierge vint au monde ici, dans l'antique demeure de Joachim et d'Anne. Il semble entendre dans le silence recueilli du cœur ses gazouillements d'enfant. Ces murs sacrés en répercutent l'écho charmant, malgré dix-huit siècles de silence [1].

Tout près de l'église Sainte-Anne, au nord-ouest, se trouve la piscine probatique ou piscine des Brebis, parce que c'est là qu'on lavait les agneaux pour le sacrifice. Jésus y guérit le pauvre paralytique qui ne pouvait descendre, tandis que l'ange agitait les eaux.

Une autre piscine existe encore près de la porte Saint-Étienne, mais en dehors, près du cimetière musulman. En avançant de ce côté, c'est-à-dire au nord de la ville, on arrive en un quart d'heure à la grotte du prophète Jérémie, pratiquée dans la colline.

On voit à l'intérieur un sillon creusé dans le roc, c'était le lit du prophète; cette caverne entendit ses Lamentations sublimes l'an 600 avant Jésus-Christ. De là on arrive en cinq minutes aux cavernes royales, qui sont à présent remplies de décombres; c'étaient jadis de grandes carrières exploitées pour bâtir les monuments de la ville, et très probablement aussi le temple de Jéhovah.

En montant encore vers le nord et du côté de la route de Naplouse, on aperçoit le tombeau des Rois (Qobour-el-Molouk). Il est prouvé clairement, par Victor Guérin et par le frère Liévin, que ce beau monument ne servit jamais de sépulture aux rois de Juda, mais peut-être à leurs femmes, et en tout cas à Hélène, reine d'Adiabène, et à plusieurs membres de sa famille qui vinrent s'établir à Jérusalem.

Un petit sentier à travers champs conduit bientôt au tombeau des Juges, qui n'est autre que celui des membres du Sanhédrin, car les juges d'Israël étaient ensevelis chacun dans sa tribu.

[1] Deux opinions sont en présence, l'une veut que le lieu de la naissance de la sainte Vierge soit à Nazareth, l'autre à Jérusalem. La plus plausible, fondée sur des témoignages très sérieux de savants et de saints, est l'opinion orientale, accréditée en terre sainte, qui place le berceau de la Vierge à Jérusalem, dans la maison de Joachim et d'Anne, près de la piscine probatique.

Dimanche matin.

C'est aujourd'hui la fête de la Pentecôte : n'est-ce pas un grand bonheur de passer ce jour-là à Jérusalem et d'assister à la messe sur le mont Sion, tout près du Cénacle, lieu de la première Pentecôte? Impossible d'offrir le saint sacrifice dans la salle même, il faut nous contenter de dresser une tente au milieu du cimetière catholique, près de la mosquée, et de célébrer cette fête mémorable à genoux sur les tombeaux. Sur tous les points du globe, l'Église déploie en ce jour ses splendeurs; nous ne sommes qu'une poignée, il est vrai, n'ayant pour cathédrale que des tentures de toile et pour prie-Dieu que des tombes, mais ne sommes-nous pas des privilégiés[1] ?

Après la messe, au lieu de revenir à Casa-Nova, nous préférons, ma sœur et moi, retourner une dernière fois à la montagne des Oliviers pour lui faire nos adieux.

Il fait beau là-bas, à cette heure matinale, avant que la chaleur du jour ait pénétré sous les ombrages. Assis sous un vieil olivier, tout près du jardin de Gethsémani, nous relisons avec émotion un chapitre de la Passion du Seigneur, qui trouve ici même son application touchante. Il nous semble voir passer Jésus sur ce même chemin ; accablé sous la tristesse qui l'oppresse, il se dirige vers la grotte qui sera le témoin de sa sanglante agonie. Sur le rocher aride, ses trois apôtres s'endorment; au loin, on voit briller les lumières de l'escorte de Judas. Tout le drame se déroule et devient saisissant, à la place même où il s'est accompli! Nous restons là des heures, sans que personne vienne troubler notre solitude.

Dimanche soir.

Cet après-midi nous réservait une charmante petite fête chez les dames de Sion. Dans une grande salle ornée avec goût, ces dames reçoivent les pèlerins, présidés par le consul de France et par le Père Bailly.

[1] Parmi ces tombes nous retrouvons avec émotion celle d'un vénérable Lorrain, le comte du Coëstlosquet, mort en odeur de sainteté à Jérusalem, en 1852.

Les jeunes filles israélites et arabes paraissent sur la scène et chantent délicieusement ; leurs voix pures et sonores, perlées comme des notes d'oiseaux, prêtent un charme nouveau à nos cantiques français. Les voilà qui se rangent en demi-cercle, d'un côté les jeunes israélites, de l'autre les catholiques arabes.

Elles commencent un dialogue profondément touchant ; le chœur des unes célèbre la douceur et la beauté de la loi nouvelle ; le chœur des autres pleure la grandeur perdue de l'antique nation et la désolation qui la couvre. Dans la bouche de ces vraies filles de Sion, l'admirable psaume *Super flumina Babylonis* prend un accent de douleur et d'attendrissement qui nous émeut profondément. Elles chantent cette mélopée plaintive :

« Sur les rives du fleuve de Babylone nous nous sommes assises, et nous avons pleuré en nous ressouvenant de Sion !

« Nous avons suspendu nos harpes aux saules qui bordent ces prairies.

« Comment chanterons-nous les cantiques du Seigneur sur une terre étrangère ?

« Si je viens à t'oublier, ô Jérusalem, que ma main droite devienne sans mouvement ; que ma langue demeure attachée à mon palais si je ne me souviens pas toujours de toi, si je ne mets pas ma plus grande joie à m'entretenir de Jérusalem ! »

Ce cantique respirait une saveur biblique pénétrante ; il nous résonnait dans le cœur d'autant plus que, nous aussi, nous allions quitter Jérusalem. Quitter Jérusalem : que de tristesse dans ce mot !

Après le chant des jeunes filles, un compliment fut adressé au consul ; mais c'est le Père Bailly qui répondit, avec beaucoup d'à-propos, comme toujours. Il compara ce beau couvent, bâti par le Père de Ratisbonne, à un écrin magnifique, et, se tournant vers les enfants, il ajouta :

« Nous avions déjà admiré l'écrin, mais sans nous douter qu'il renfermait d'aussi charmants joyaux. »

Il fut très applaudi, on cria avec enthousiasme : « Vive la France ! Vivent les pèlerins ! » Et c'est au bruit de ces vivats que se termina cette jolie réunion.

Il est tard, et pourtant je veux me prosterner une fois encore au Saint-Sépulcre et au Calvaire. Je veux baiser ce sol sacré, je veux emporter une provision de force, de courage et de grâces. Dans un élan du cœur je réunis tous les absents, puis je me penche une dernière fois sur le marbre du tombeau...

Je gravis le Calvaire, et puis je quitte le parvis sacré : « Nous avions établi notre demeure dans tes parvis, ô Jérusalem ! » Et maintenant il faut les quitter : ils ne seront plus visités que par nos pensées errantes. Adieu donc, Jérusalem ! adieu !

XXIX

DE JÉRUSALEM A JAFFA PAR EMMAUS

Lundi, 21 mai.

L'heure du départ a sonné. Nous montons en selle devant l'hôtellerie de Notre-Dame-de-France. Hélas ! c'est la dernière chevauchée! Les créneaux de Jérusalem vont disparaître comme un rêve, et le réveil sera dur demain sur le *Poitou.*

Peut-être que sur la route d'Emmaüs, peut-être qu'au détour du chemin Jésus va nous apparaître, comme aux deux disciples, pour nous donner du courage; car voici la petite source auprès de laquelle il leur apparut. Mais non, je ne vois devant moi que la profonde vallée du Térébinthe et un torrent desséché où David ramassa la pierre qui tua Goliath, et... à l'instant mon cheval lance une ruade qui me rappelle à la réalité de la vie; son sabot a râpé vigoureusement la jambe de M. Cabissol, qui sourit avec son énergie habituelle. C'est qu'aussi le chemin est étroit, les chevaux se pressent les uns sur les autres, et le mien n'a pas l'humeur très sociable.

Heureusement nous ne sommes pas tous ici : les uns se rendent à Jaffa par Abougosch et Emmaüs-Nicopolis; d'autres encore partiront cette nuit dans des véhicules plus ou moins disloqués. L'Emmaüs où nous allons est le véritable, d'après le frère Liévin, qui a sans doute de bonnes raisons pour le croire; tous trois nous le suivons aveuglément, avec un détachement assez nombreux.

Le couvent des Pères franciscains est bâti sur l'emplacement de la maison de saint Cléophas. Après un mauvais déjeuner et quelques heures de repos, nous repartons à deux heures sous un soleil brûlant ; on dirait qu'il nous tombe sur la tête des aiguilles de feu. Les chemins deviennent terribles ; rien que descentes à pic, car il nous faut regagner le niveau de la mer. Le cheval arabe aime à frôler l'abîme ; à chaque pas je crois que le mien met le pied dans le vide. Je laisse à penser les cris d'effroi poussés par Mlle de Lyon, presque toujours abandonnée de son moukre. Du reste, j'ai découvert le mystère ; ce rusé matois se laisse appeler : chaque fois qu'il accourt il reçoit bakchich. Elle l'appelle constamment :

« Moukre ! moukre ! »

L'autre, trottinant sur son âne à quelques pas d'elle, répète en riant :

« Moukre ! moukre !

— Ah ! le scélérat ! crie Mlle de Lyon, il va me laisser périr dans ces affreux précipices. Drogman, à mon secours ! »

Un écho fidèle redit :

« Drogman ! »

C'est le moukre qui répète, en trottinant toujours. A un passage trop difficile, il accourt pourtant, reçoit d'abord de légitimes reproches, puis un bakchich. Satisfait, il repart en avant.

En avant, c'est ainsi que nous marchons, sans peur et sans défaillance. A mesure que nous avançons, nous sentons que ce pas nous rapproche de la France. Maintenant la tristesse des adieux fait place à un rayon d'espoir, de même qu'après une pluie d'orage on voit l'arc-en-ciel apparaître.

Une grande plaine succède aux ravins escarpés ; bientôt Ramleh se détache en face de nous, avec sa fine silhouette de minarets et de palmiers élancés. C'est notre dernière étape, nous y passerons la nuit.

Ramleh, lundi soir.

Décidément ce sournois de Morcos, qui voit arriver la fin du pèlerinage, simplifie considérablement le menu des repas. Deux œufs durs ce soir, voilà, je crois, tout le festin qu'il nous prépare. Aussi notre parti est bientôt pris, et nous partons (un petit groupe d'une dizaine) en quête de quelque hôtellerie où nous puissions réparer nos forces compromises par cette rude journée de marche. Nous finissons par découvrir une enseigne en grosses lettres noires ainsi conçue : *Hôtel-Restaurant*. Que ce titre enlève de poésie au paysage !

C'est comme une fausse note dans un concert, la vue d'une chenille sur une belle fleur! J'ai envie de m'enfuir. Ne vaudrait-il pas mieux glaner dans ce champ quelques épis avec Ruth et les manger, comme les disciples du Sauveur? Mes compagnons, plus pratiques, se dirigent vers l'hôtel, et tout en rêvant je les suis, à la grande satisfaction de mon estomac, je dois l'avouer.

A cette heure du soir, Ramleh s'élève en tons sombres sur le fond du ciel éclairé par la lune échancrée; quelques rayons épars tombent sur les minarets et les frisent comme une lame étincelante de cristal. La tour des Quarante-Martyrs dresse sa masse imposante au-dessus de la ville antique, patrie de Joseph d'Arimathie et de Nicodème.

Nous entrons à l'hôtel. Le maître de céans, qui est Autrichien, ne sait pas un traître mot de français; nous voilà obligés d'écorcher l'allemand le moins désagréablement possible, pour nous faire comprendre. Mon frère et moi tentons l'entreprise; mais deux contre un, c'est trop: notre homme n'y comprend plus rien, et je livre le champ de bataille à Maurice.

Après une agréable soirée, nous regagnons nos gîtes au couvent des Pères Franciscains pour dormir notre dernier sommeil... sur la terre sainte. Hélas! où sont nos petites couchettes sous la tente, l'herbe fraîche et mouillée, les cris des chacals et des moukres? et surtout la messe à quatre heures du matin sous les étoiles? et le bon frère Liévin, debout avant tous et sonnant le boute-selle? Ah! que tout cela était bon, délicieux, charmant! J'en garderai la douce souvenance, toujours, toujours!

Dans la plaine de Saron, mardi 22 mai.

Depuis cinq heures du matin nous sommes à cheval; nous traversons l'admirable plaine de Saron tant vantée, et que Samson mit en feu avec trois cents renards. Elle est d'une fertilité surprenante. Tous les fruits, toutes les fleurs et même les légumes de nos climats y croîtraient en abondance, si l'on se donnait la peine de les cultiver. La terre reste en friche en grande partie, et se couvre au printemps d'une infinité de fleurs, parmi lesquelles on remarque des roses, des anémones, des giroflées, une espèce de pervenche d'un parfum exquis, et surtout des lis, les fameux lis de Saron qui figurent dans les armes des chefs de croisade et des rois de France.

Salomon, parlant de son jardin fermé, disait qu'il était comme un « tapis d'amour » pour les filles de Jérusalem ;

Tour des Quarante-Martyrs à Ramleh.

certes, il ne pouvait être plus beau que le tapis de fleur de la plaine de Saron.

Je pense avec un gros soupir à ce jour fatal où la vapeur fera invasion dans la plaine de Saron. Hélas ! nous sommes peut-être les derniers qui la traversons en vrais pèlerins, Bientôt une rigide ligne de fer renversera sur son passage palmiers élancés et sycomores séculaires ; le mouvement, le commerce, le progrès, en un mot, affluera vers Jérusalem, la reine du désert, et l'on s'y rendra peut-être un jour en express-Orient !

La route que nous suivons est très belle, ornée d'arbustes fleuris et d'arbres magnifiques. Pour la dernière fois nous faisons d'agréables galopades. Nous rencontrons souvent des défilés de chameaux, marchant à la queue leu-leu, emboîtant le pas l'un de l'autre sans dévier d'une ligne. Leur grande silhouette maigre se détache sur le ciel bleu et de loin produit un effet fantastique.

Plus nous approchons de Jaffa, plus la végétation devient luxuriante et vraiment merveilleuse; nous entrons dans ces jardins d'orangers si renommés, et dont les arbres portent des fruits d'une grosseur extraordinaire. Grenadiers, citronniers, fruits d'or et de pourpre se pressent dans le feuillage et brillent en notes éclatantes dans cette mer de verdure; les palmiers s'élancent en gerbes, les sycomores s'arrondissent en dômes, et les cactus et les figuiers de Barbarie se perdent tout à coup dans cette forêt. C'est ici sans doute que le Tasse plaça les jardins d'Armide, au milieu de ce véritable Éden. Au travers des touffes, on voit surgir peu à peu les maisons blanches de Jaffa, échelonnées sur leur rocher qui domine la mer dont on aperçoit au loin la bande azurée.

Jaffa, neuf heures.

Enfin, voici Joppé l'antique, où Noé bâtit son arche d'après la tradition; on pense même qu'après le déluge, Japhet la reconstruisit et lui laissa son nom, Jaffa. Cette ville prend aujourd'hui des allures de civilisation. Beaucoup d'étrangers l'habitent, on y parle français partout.

C'est à Jaffa que s'embarqua le prophète Jonas pour échapper à l'ordre de Dieu qui l'envoyait à Ninive, et le port de cette ville reçut tous les radeaux qui transportaient les bois de cèdre du Liban pour servir à la construction du temple. Aux premiers jours du christianisme, Jaffa compta beaucoup de chrétiens dans son sein. Elle fut le théâtre d'un des plus grands miracles de saint Pierre : la résurrection de Tabithe. Aujourd'hui elle comprend quinze mille habitants, dont douze cents latins et grecs unis.

Nous traversons la ville encombrée de monde, car c'est aujourd'hui jour de grand marché, et la circulation est presque interrompue. Nous passons au milieu des cris et de l'agitation du peuple bariolé, par-dessus les piles d'oranges, les corbeilles de citrons monstrueux. Chacun s'agite et gesticule; les uns chargent les chameaux en pleine rue, d'autres poussent devant eux des troupeaux de chèvres ou de moutons. Je vois dans le même instant tous les tons différents de la figure humaine, depuis la blancheur rosée de l'Européen en talmouch jusqu'au noir profond de l'Abyssin, en passant par les tons chauds et dorés de l'Arabe et le bronze du Bédouin. C'est très curieux et pittoresque. Jaffa, placé sur les frontières de l'Asie, participe au mouvement de l'Europe tout en gardant son cachet éminemment oriental.

Nous n'avons malheureusement que très peu de temps à y passer, car il faudra s'occuper bien vite de l'embarquement; affaire laborieuse, surtout avec les nombreuses caisses d'objets de piété qui doivent passer encore à la douane ottomane. Pourvu qu'ils ne nous fassent pas trop de difficultés, ces braves Turcs, qui nous obligent à payer un impôt en sortant! Je suis étonnée qu'en France on n'ait pas encore inventé ce procédé très ingénieux pour combler les déficits du Trésor.

A bord du *Poitou*.

Il nous faut regagner notre navire, ancré à un kilomètre en mer; les barques sautent ferme sur la mer houleuse, qui déferle avec impétuosité contre les murs du quai, et l'abordage n'est pas des plus faciles. Voici le premier moment de calme que je puisse trouver depuis ce matin. Il est impossible de raconter la confusion, la cohue de tout à l'heure, au milieu de la population de Jaffa, avant que chacun ait retrouvé ses caisses, ait pu s'installer dans une barque et venir échouer sur le *Poitou* avec armes et bagages. Ah! que je plains les directeurs du pèlerinage!

Pourtant un certain ordre préside à l'embarquement; on n'entre qu'un à un dans le navire, et le maître d'équipage inscrit nos noms au passage. Quand on pose le pied sur le *Poitou*, on retrouve la tranquillité; mais à Jaffa j'ai bien cru ne pouvoir me tirer des griffes des Arabes, qui nous arrachaient les paquets des mains et les bakchichs de la bourse. Certes, ce matin, j'ai répété de bon cœur le vers du poète:

Plus je vis d'étrangers, plus j'aimai ma patrie.

Vers onze heures, le calme étant rétabli sur le navire, le frère Liévin et M. de Piellat montent à bord pour nous faire leurs adieux. On se sépare comme des compagnons d'armes qui ont combattu ensemble le « bon combat », puis on lève l'ancre.

La terre sainte est encore sous nos yeux; nous ne pouvons les en détacher. Nos âmes s'élancent vers cette vision qui fuit...

XXX

RETOUR EN FRANCE

En pleine mer, mercredi 23 mai.

La mer est calme comme dans notre première traversée. Dieu veuille nous protéger jusqu'au port, afin que nous ne subissions aucun retard! C'est le 29 que nous devons arriver.

Nous reprenons vite sur le navire nos anciennes habitudes, nos prières et nos chants. L'abbé Robin, dont la barbe est devenue longue comme celle de Mahomet, a pris des airs de prophète. Il nous raconte en une charmante chanson comment David dansait devant l'arche, et sa verve a puisé, je crois, de nouvelles inspirations dans son voyage.

Chacun se connaît davantage au retour, on se rencontre avec plaisir, on s'interpelle avec un sourire; il n'y a plus cette gêne qui existe entre étrangers, on a vécu les mêmes émotions et les mêmes souvenirs, et tous nous sommes devenus des amis.

La mer est belle, mais toujours uniforme comme une glace; parfois cependant des moires d'argent agitent et troublent ce miroir, semblables à une buée. Notre navire, qui tranche dans les eaux profondes, semble couper une pierre d'émeraude ou de saphir, tant la coupure est nette, tant la couleur est merveilleuse. Une écume se forme en crête au sommet de la coupe et retombe en grésillant comme sur une braise.

Jeudi, 24 mai.

Aujourd'hui la mer s'agite; aussitôt nos estomacs se cabrent et se mettent en grève. Le maître d'hôtel, payé pour nous faire de bons dîners, se frotte les mains avec joie, car il escompte le mal de mer, qui lui apporte de si belles économies.

Tout à l'heure nous avons été tristement impressionnés : un jeune prêtre, très grand, mince et très pâle, que j'avais toujours remarqué au premier rang de toutes nos chevauchées, sortait de sa cabane des troisièmes, appuyé sur le bras d'un de ses compagnons. Son conducteur nous dit :

« Laissez passer, s'il vous plaît; ce pauvre prêtre est paralysé. »

C'était donc un coup de foudre, car hier encore il était sur le pont. Il se dirigea péniblement vers l'infirmerie; son bras pendait inerte, et sa jambe était traînante. Une congestion s'était déclarée, causée par la fatigue, le soleil, l'excès de travail auquel il se livrait malgré une faible santé. Il passait une partie des nuits à étudier et à écrire soigneusement ses notes de voyage. Jamais il n'attirait volontairement l'attention, priant, travaillant et souffrant en silence.

Jeudi soir.

Le pauvre abbé paralysé est à l'agonie. Nous sommes douloureusement affectés. Est-il possible que l'un de nous s'en aille au moment de toucher au port et soit engouffré dans cette mer bleue? Non, non, il est trop jeune, il ne mourra pas. Puis que deviendrait sa pauvre mère, dont il est l'unique enfant?

La mer se soulève et palpite, on dirait qu'elle réclame une proie; son sein se gonfle puissamment, et le vent qui se déchaîne ballotte le navire comme le berceau d'un enfant. Ballottement effrayant, berceuse à la voix sépulcrale! Mon Dieu! que nous arrivera-t-il cette nuit?

Vendredi, 25 mai.

Hélas! le jeune prêtre est mort. Cette désolante nouvelle a parcouru le navire comme un éclair : M. l'abbé Delaporte vient de mourir.

Il est dix heures du matin, la nuit a été effroyable, impossible de fermer l'œil. La tête tourne, tourne comme dans le tourbillon fantastique de la *Divine Comédie*. Il semble qu'on fasse des lieues en un instant, et nous sommes, au contraire, secoués presque sur place. L'eau se lance avec violence contre les hublots fermés et embarque sur le pont en raflant tous les objets qui s'y trouvent. D'énormes lames battent le plancher, on dirait une laveuse qui bat du linge ; c'est un bruit sec qui s'assourdit bientôt et crépite comme une flamme d'incendie qui lèche un mur. C'est sinistre. Et le pauvre prêtre est mort au milieu de l'agonie de la nature; il s'est enfui de cette vie d'ombres et de vicissitudes, et son âme bienheureuse s'est envolée vers la Jérusalem céleste, dont il avait entrevu un reflet ici-bas...

Tout à l'heure un service funèbre sera célébré.

Vers onze heures le vent se calme un peu; pourtant des paquets de mer balayent toujours le navire par-dessus les bastingages.

Vendredi, après-midi.

La messe solennelle a eu lieu, dite par un ami du mort; le vent, tombé peu à peu, a permis aux matelots de replacer les grandes toiles à voiles au-dessus de la chapelle. La mer se calme : est-elle satisfaite de la proie qu'elle va saisir? ou bien cette âme sainte a-t-elle déjà prié pour nous?

On a placé le corps du défunt devant l'autel ; il est enveloppé des drapeaux de France et de Jérusalem. Quelques palmiers rapportés de Jéricho entourent cette figure jeune et austère comme des palmes de martyre. Le corps rigide balancé par les flots, les torches qui l'éclairent aux quatre coins et l'office des Morts psalmodié par des voix que la tristesse altère, font un effet saisissant.

A quatre heures a lieu la mise en bière. Le corps, lié dans un sac avec un peu de terre de Jérusalem et un poids de soixante kilos aux pieds, est placé dans une caisse recouverte de drapeaux. Les pèlerins se succèdent toute la journée et ne cessent de prier autour de cette victime choisie parmi nous. A la nuit tombante, les vêpres des Morts sont chantées solennellement, et ce soir, juste douze heures après le décès, aura lieu l'immersion.

Vendredi soir.

Vers dix heures, tous les pèlerins sont rassemblés dans la chapelle. Le Père Bailly prend la parole et d'une voix émue retrace la vie si courte et si remplie de ce prêtre, et la grandeur de ce spectacle d'une âme qui prend son vol du sein de l'immensité des mers pour aller se perdre en Dieu. Il évoque l'image de sa pauvre mère, qui l'attend au port avec tant de joie, et nous exhorte à prier non seulement pour lui, mais pour elle.

Puis les officiants entourent le cercueil et donnent l'absoute. Aussitôt on enlève la dépouille mortelle pour la porter processionnellement au milieu du navire, en chantant le *Dies iræ*. Un commandement se fait entendre; le navire s'arrête, le bastingage s'entr'ouvre, le cercueil est incliné au-dessus de la mer bleue miroitant sous la lune... Tout à coup le bruit sourd d'un corps qui tombe rompt le silence, et la mer assouvie se referme sur sa proie...

Encore quelques prières, encore quelques psalmodies, et chacun se disperse lentement. Le navire a repris sa marche ordinaire; bien loin derrière nous la victime continue à descendre dans les abîmes; le commandant nous dit qu'à cet endroit la mer a trois mille cinq cents mètres de profondeur.

C'était devant la mer Ionienne.

Les marins ont les larmes aux yeux et les essuient du revers de leur manche. Je rencontre sur le pont Abèche, ce drogman qui vient en France avec nous : il paraît très triste et très impressionné, lui si gai d'habitude. Voyant que je me dirige vers la chapelle, il m'arrête au passage :

« Priez pour moi, Mademoiselle, me dit-il, pour que je garde ma peau.

— Vous tenez donc bien à votre peau, Abèche ?

— Ce n'est pas pour moi, Mademoiselle; mais c'est pour ma pauvre mère.

— Alors priez aussi vous-même, Abèche.

— Oh! bien moi, le bon Dieu ne m'écouterait pas, je suis trop diable. »

Je ne pus m'empêcher de sourire. Que de diables, en effet, qui ne prient jamais, parce qu'envers et contre tout ils veulent rester diables!

Samedi, 26 mai.

Heureusement la mer est calmée; il ne nous reste que trois jours de traversée tout au plus. Le désir d'arriver en France est plus vif que jamais après la douloureuse séparation d'hier; puis il me semble que là-bas nous penserons mieux à Jérusalem que sur le *Poitou.*

Une belle cérémonie se prépare pour demain : la première communion d'un mousse âgé de quatorze ans. Tout l'équipage sera en fête et assistera à la messe solennelle.

Cette nuit nous avons passé en vue de l'Italie; il est écrit que je ne connaîtrai le détroit de Messine que par des secouades plus violentes et plus sèches. Les deux écueils si rapprochés de Charybde et de Scylla se renvoient les flots d'un bord à l'autre, si bien que les pauvres navires dansent sur l'onde mouvante comme des fétus de paille.

Dimanche, 27 mai.

Le ciel se rit de nous vraiment! Une pluie torrentielle tombe depuis ce matin; à peine pourra-t-on chanter la grand'messe sous les toiles transpercées; en tout cas, il faut remettre à demain la solennité de la première communion. On ne distingue rien sur la mer, et la vie du bord devient fort désagréable par la pluie; enveloppé dans sa couverture, on ne sait où se refugier. Aucun de nous, je crois, ne possède ici un parapluie; du reste, il serait bien vite emporté par les rafales, car le vent se mêle à la pluie, tout à l'envers du dicton : « Petite pluie abat grand vent. »

Lundi matin.

Aujourd'hui le soleil s'est enfin montré, mais quel soleil pâle! Il a changé de visage depuis notre départ de l'Orient. Il est triste,, morne, un peu voilé : on dirait qu'il ne se donne pas la peine de briller pour l'Occident, et qu'il a plutôt envie de lui tourner le dos. De fait, le voilà qui se cache à nouveau derrière quelques nuages qui folâtrent dans le ciel et ne reparaît à regret que pour un instant

Cependant il fait assez beau pour la cérémonie de la première communion. La chapelle est pavoisée avec tous les drapeaux du navire. L'équipage en uniforme est rangé autour de l'autel. Au milieu, le jeune mousse, à genoux sur un prie-Dieu, entre le capitaine Rouquette et Mlle Castenceau, qui lui servent de parrain et de marraine, semble tout ému et recueilli. Nous sommes tous là, chantant nos plus beaux cantiques; celui-ci entre autres :

Le voici, l'Agneau si doux;
Le vrai pain des Anges,

fait monter les larmes aux yeux de tout le monde..

M. l'abbé de l'Éguille, si zélé, si dévoué, a préparé le jeune mousse pendant son voyage, et prend la parole au moment de la communion. Il remue profondément nos cœurs de sa voix vibrante et ardente. Il fait des rapprochements touchants entre cette âme allant à Dieu par la mort, et celle qui reçoit sa visite par le Sacrement; entre la mère du petit mousse qui l'attend au port et le retrouvera plein d'une vie surnaturelle, et la pauvre mère du prêtre qui croit revoir son fils vivant et ne le retrouvera plus qu'en Dieu. Cette belle instruction, en cet instant émouvant, nous arrache des larmes à tous. Les matelots laissent couler les leurs sur leurs vareuses sans les cacher; car ici personne n'a honte de pleurer : le second lui-même, ce rude marin, ne peut se contenir au moment où l'enfant approche de l'autel et reçoit le Pain des forts. A cet instant solennel un coup de canon retentit. Jamais prince ne fit plus belle première communion que ce pauvre petit!

Cette joie, après la tristesse de l'autre jour, paraît plus délicieuse encore. Quel doux et dernier souvenir nous laissera le *Poitou*, cet ami qui nous a conduits sains et saufs au travers des périls de la mer, ce tabernacle du Dieu vivant qui y repose jour et nuit! Les petites misères disparaissent dans une auréole de grâces, de jouissances et de bonheur.

Mardi, 29 mai.

Voilà les côtes de France. Ce vent qui nous passe sur le visage vient de son sol chéri; cette pensée et cette vue ressuscitent les plus malades.

Nous admirons ces belles côtes si pittoresques depuis Menton jusqu'à Marseille. Mais elles sont assez loin dans la brume. Nous passons près de Lérins, retraite splendide de tant de saints moines; puis au milieu des îles d'Hyères, semées sur les flots et dorées sous le soleil qui brille cette fois sans nuage. On échange des signaux avec le phare qui domine l'île de Porquerolle; on parle ce langage figuré et charmant avec les premiers Français qui nous revoient.

Le tangage augmente près des côtes; c'est égal, on ne sent plus que la joie d'arriver. On se regarde en riant, car nous avons tous des mines tant soit peu arabes ; je suis sûre qu'en nous revoyant auprès des humains civilisés, nous serons épouvantés de notre couleur et de notre aspect.

Nous espérions débarquer ce soir même, mais le vent debout mettra du retard à notre arrivée ; le commandant pense que nous serons en vue de Marseille seulement à dix heures.

Voici un grand navire de guerre qui file tout près de nous, trempant alternativement dans la mer et la poupe et la proue, comme un beau cygne noir qui plonge. C'est le *Caïman*, qui fait des évolutions et des manœuvres guerrières, destiné qu'il est à jouer un rôle considérable en cas de guerre, grâce à son armement formidable. En passant près de nous, il incline son pavillon pour nous saluer; nous lui répondons en criant avec transport : « Vive la France ! » Il continue sa course rapide, laissant derrière lui une longue traînée d'écume.

Nous rencontrons beaucoup d'îlots montagneux et verdoyants, avec de petits villages semés çà et là sur leurs flancs, puis des forts et des constructions militaires. Enfin nous apercevons Toulon, à l'heure où le soleil va se coucher. Il empourpre l'horizon et se cache derrière les grands rochers découpés en crêtes aiguës, lançant par-dessus ses rayons d'or fauve comme une gloire immense, dernier reflet du splendide soleil d'Orient. Nous suivons des yeux la chaîne de montagnes qui borde la mer; au loin, l'œil distingue la roche abrupte de la Sainte-Beaume. La Sainte-Beaume, doux ressouvenir de Jérusalem !

A cette heure solennelle du soir, devant ces rivages aimés, nous nous réunissons une dernière fois à la chapelle pour chanter l'office et le *Te Deum* d'actions de grâces. Il nous semble, à nous, pèlerins sur la terre, dispersés aux quatre coins de la France, qu'un lien indissoluble nous unit désormais; l'ostensoir qui s'élève sur nos têtes est le point de ralliement qui nous donne encore rendez-vous sur la route de Jérusalem! terrestre ou céleste...

M. le Hardy adresse, au nom de tous, quelques paroles de remerciement au Père Bailly, qui nous fait aussi ses adieux.

A dix heures nous sommes en vue de Marseille, dont tous les feux brillent sur les quais.

Mercredi matin, 30 mai.

Ce matin dès l'aube, tout le monde est sur le pont, au milieu des caisses et des valises amoncelées; on se fait des adieux mélangés de tristesse et de joie. A sept heures nous sommes à terre, sur le sol de la patrie, qu'on aime davantage encore, après en avoir été longtemps séparé. Chacun se disperse, court à ses bagages, à sa famille ou à la gare; mais, quand on se rencontre dans les rues, on s'aborde comme de bons amis, on se tend affectueusement la main une dernière fois avant de se séparer.

Tandis que mon frère est resté à la douane pour surveiller nos caisses au milieu d'un encombrement indescriptible, nous partons, ma sœur et moi, en voiture, pour monter à Notre-Dame-de-la-Garde. Depuis la plate-forme du vénérable sanctuaire, la vue est merveilleuse. On domine la mer, parsemée d'îlots à perte de vue; le célèbre château d'If ressort tout blanc sur les flots d'azur; de l'autre côté, la ville étendue entre les collines violacées par un chaud soleil, le port encombré de vaisseaux aux mâtures élégantes, et le *Poitou* abandonné!

Après cette visite de reconnaissance à la sainte Vierge, nous nous faisons conduire à Saint-Victor, vieille église dont la crypte date de l'an 140. C'est la grotte où se réfugièrent Lazare et ses deux sœurs, en abordant à Marseille. Elle devint le noyau de la première église des chrétiens convertis par ces trois saints. On voit encore l'assise de pierre où se tenait Lazare pour écouter la confession des premiers néophytes: deux autels sont consacrés à Marthe et à Marie qui séjournèrent dans ce lieu avant de gagner, l'une Tarascon, l'autre la Sainte-Beaume.

Ayant retrouvé mon frère et déjeuné à la hâte, nous partons pour la gare et apercevons encore plusieurs de nos amis qui prennent, hélas! un train différent du nôtre.

Dans trois jours nous serons de retour au foyer maternel! A cette pensée une grande joie s'empare de nous; pourtant il nous reste, malgré tout, une vague impression des « odeurs du *Poitou* » et du balancement des flots, mais cela passera. Ce qui ne passera jamais, c'est l'impérissable souvenir de la patrie de l'Homme-Dieu, dont nous avons suivi pas à pas les traces divines, et celui de notre beau pèlerinage : souvenir que nous garderons au cœur jusqu'au dernier jour de notre vie!

*
* *

Et maintenant qu'il me soit permis d'emprunter à un ancien pèlerin de Jérusalem, un Breton, qui entreprit ce voyage l'an 1588, ces quelques mots qu'il écrivit au bas de sa relation :

Benning lecteur, tu recevras ce petit mien labeur et suppléras (s'il te plaist) aux fautes qui s'y pourraient rencontrer; et le recevant d'aussi bon cœur que je te le présente, tu me donneras couraige de n'estre chiche de ce que j'aurai plus exquis rapporté du temps et de l'occasion, servant à la France selon mon désir. Adieu!

FIN

TABLE

28230. — Tours, impr. Mame.

www.ingramcontent.com/pod-product-compliance
Ingram Content Group UK Ltd.
Pitfield, Milton Keynes, MK11 3LW, UK
UKHW012026240726
13965UKWH00002B/598

9 782013 420792